CRITERIOS SANITARIOS Y DE SEGURIDAD EN LAS INSTALACIONES DE TRATAMIENTO Y DEPURACIÓN DE PISCINAS DE USO COLECTIVO

JOAQUÍN GÁMEZ DE LA HOZ
ANA PADILLA FORTES

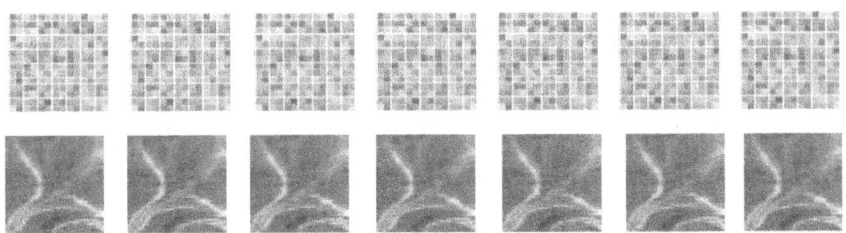

1ª Edición

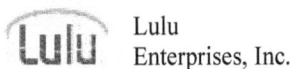 Lulu
Enterprises, Inc.

TÍTULO
Criterios sanitarios y de seguridad en las instalaciones de tratamiento y depuración de piscinas de uso colectivo

Serie: *Científico-Técnica*

AUTORES
Joaquín J. Gámez de la Hoz
Ana Padilla Fortes

EDITA
© Lulu Enterprises, Inc.
3101 Hillsborough St. - Raleigh, North Carolina 27607 (USA)
Telephone: +1 919.447.3290
Email: pr@lulu.com
www.lulupresscenter.com

ISBN: 978-1-4478-0606-6
DEPÓSITO LEGAL: MA-1551-2011
Impreso en España / *Printed in Spain*

FICHA CATALOGRÁFICA
GÁMEZ DE LA HOZ, Joaquín. Criterios sanitarios y de seguridad en las instalaciones de tratamiento y depuración de piscinas de uso colectivo /[autores, Joaquín Gámez de la Hoz, Ana Padilla Fortes].- 1ª Ed. [Málaga], 2011 Nº pág: 142, ilustración (c/bn); (24 cm) ISBN: 978-1-4478-0606-6
Descriptores: Piscinas. Depuración. Tratamiento del agua. Desinfección. Calidad del agua. Salud Pública. Salud Ambiental.

DEDICATORIA

A Marta y a Jesús,
vuestro esfuerzo está cargado de futuro.

Este libro es una obra unitaria no periódica que se compone de 142 páginas, sin incluir las de cubierta, contiene un índice, 18 capítulos, un anexo y bibliografía, ajustada a la definición de libro propuesta por la UNESCO (1964) sobre recomendaciones para publicaciones.

Joaquín Gámez de la Hoz es Licenciado en Biología por la Universidad de Málaga. Trabaja como Experto en Sanidad Ambiental del Cuerpo Superior de Técnicos de Salud del Servicio Andaluz de Salud, donde ha sido miembro de la Comisión Consultiva de Gestión Ambiental. Ha trabajado como coordinador de los servicios inspección sanitaria del Distrito Coin-Guadalhorce en Málaga. Ha sido asesor del Ministerio Fiscal en delitos contra la salud pública. Tiene publicados numerosos artículos en revistas científico-técnicas y ha participado en Congresos de la Sociedad Española de Sanidad Ambiental.

Ana Padilla Fortes es Licenciada por la Universidad de Málaga. Trabaja como Prevencionista del Servicio Andaluz de Salud. Es Experta en Dirección y Gestión de Servicios de Prevención y Salud Laboral. Especialista en Seguridad en el Trabajo, Higiene Industrial, Ergonomía y Psicosociología aplicada. Es asesora del Comité de Seguridad y Salud del Complejo Hospitalario Carlos Haya y del Distrito Sanitario Málaga. Ha conseguido la acreditación de Unidades de Gestión Clínica por la Agencia de Calidad Sanitaria de Andalucía en indicadores de prevención de riesgos laborales. Tiene una amplia experiencia profesional en Salud Laboral y Seguridad en el Trabajo en la empresa privada. Ha sido docente en la Fundación Laboral de la Construcción y en el máster de técnico superior en prevención de riesgos laborales del Instituto Andaluz de Administración Pública.

PRESENTACIÓN

Cada año millones de turistas y veraneantes utilizan las piscinas como espacios para el disfrute y actividades de tiempo libre. Es un hecho bien reconocido que las piscinas son lugares que proporcionan beneficios para la salud a través del ejercicio físico, la relajación, el ocio o como emplazamiento para la convivencia social, pero sin olvidar que un deficiente estado de las instalaciones o un uso inapropiado puede convertirse en una seria amenaza para la salud humana, a veces con desenlaces graves.

Por ello, las condiciones de seguridad de las instalaciones de las piscinas y el estado higiénico-sanitario de las aguas de baño, juegan un papel fundamental en la prevención y reducción de riesgos para la salud pública. Tomando como base los peligros asociados a este tipo de establecimientos, deben adoptarse medidas razonables para garantizar la seguridad de los usuarios y los agentes que intervienen en la gestión, mantenimiento y control de las instalaciones.

Prueba de ello es el intenso escenario normativo existente en el estado español, donde cada comunidad autónoma ha legislado sectorialmente en materia de piscinas y de forma desigual, teniendo como resultado la coexistencia de 17 reglamentos técnicos, a la espera de la aprobación de una norma básica estatal que unifique criterios de seguridad y sanitarios, pero sobre todo, que mejore la aplicación efectiva de los requisitos normativos y facilite un enfoque integral de salvaguarda de la salud pública, conforme al estado actual de la técnica y el mejor conocimiento científico.

La presente publicación recopila los requisitos técnicos específicos referentes a las instalaciones de tratamiento y calidad del agua de baño de las piscinas reguladas en las 17 comunidades autónomas españolas, proporcionando un compendio de las principales diferencias y elementos en común contemplados en los distintos reglamentos técnico-sanitarios. Con esta guía práctica pretendemos que sirva de herramienta de consulta tanto para el sector profesional como para titulares de piscinas públicas o privadas, desde comunidades de vecinos y usuarios de las instalaciones, hasta establecimientos de uso colectivo (alojamientos turísticos, sociedades recreativos, clubes deportivos, residencias, establecimientos recreativos...), con el propósito de difundir los estándares mínimos necesarios para lograr ambientes libres de riesgos.

Autores
Joaquín Gámez de la Hoz
Ana Padilla Fortes

INDICE

Introducción 7

CAPÍTULO 1: requisitos sanitarios y de seguridad en piscinas de uso colectivo en Andalucía
1.1. Calidad del agua 11
1.2. Sistema de tratamiento del agua 12
1.3. Seguridad química 12
1.4. Recirculación y depuración del agua 13
1.5. Bibliografía específica 14

CAPÍTULO 2: requisitos sanitarios y de seguridad en piscinas de uso colectivo en Asturias
2.1. Calidad del agua 17
2.2. Sistema de tratamiento del agua 17
2.3. Seguridad química 17
2.4. Recirculación y depuración del agua 18
2.5. Bibliografía específica 19

CAPÍTULO 3: requisitos sanitarios y de seguridad en piscinas de uso colectivo en Aragón
3.1. Calidad del agua 23
3.2. Sistema de tratamiento del agua 24
3.3. Seguridad química 24
3.4. Recirculación y depuración del agua 26
3.5. Bibliografía específica 28

CAPÍTULO 4: requisitos sanitarios y de seguridad en piscinas de uso colectivo en Cantabria
4.1. Calidad del agua 31
4.2. Sistema de tratamiento del agua 32
4.3. Seguridad química 32
4.4. Recirculación y depuración del agua 33
4.5. Bibliografía específica 34

CAPÍTULO 5: requisitos sanitarios y de seguridad en piscinas de uso colectivo en Castilla-La Mancha

5.1. Calidad del agua _____ 37
5.2. Sistema de tratamiento del agua _____ 38
5.3. Seguridad química _____ 39
5.4. Recirculación y depuración del agua _____ 40
5.5. Bibliografía específica _____ 42

CAPÍTULO 6: requisitos sanitarios y de seguridad en piscinas de uso colectivo en Castilla y León

6.1. Calidad del agua _____ 45
6.2. Sistema de tratamiento del agua _____ 46
6.3. Seguridad química _____ 46
6.4. Recirculación y depuración del agua _____ 47
6.5. Bibliografía específica _____ 48

CAPÍTULO 7: requisitos sanitarios y de seguridad en piscinas de uso colectivo en Cataluña

7.1. Calidad del agua _____ 51
7.2. Sistema de tratamiento del agua _____ 52
7.3. Seguridad química _____ 52
7.4. Recirculación y depuración del agua _____ 53
7.5. Bibliografía específica _____ 53

CAPÍTULO 8: requisitos sanitarios y de seguridad en piscinas de uso colectivo en Extremadura

8.1. Calidad del agua _____ 57
8.2. Sistema de tratamiento del agua _____ 58
8.3. Seguridad química _____ 58
8.4. Recirculación y depuración del agua _____ 60
8.5. Bibliografía específica _____ 62

CAPÍTULO 9: requisitos sanitarios y de seguridad en piscinas de uso colectivo en Galicia

9.1. Calidad del agua _____ 65
9.2. Sistema de tratamiento del agua _____ 66
9.3. Seguridad química _____ 66
9.4. Recirculación y depuración del agua _____ 67
9.5. Bibliografía específica _____ 68

CAPÍTULO 10: requisitos sanitarios y de seguridad en piscinas de uso colectivo en las Islas Baleares

10.1. Calidad del agua_____71
10.2. Sistema de tratamiento del agua_____72
10.3. Seguridad química_____72
10.4. Recirculación y depuración del agua_____73
10.5. Bibliografía específica_____74

CAPÍTULO 11: requisitos sanitarios y de seguridad en piscinas de uso colectivo en las Islas Canarias

11.1. Calidad del agua_____77
11.2. Sistema de tratamiento del agua_____78
11.3. Seguridad química_____79
11.4. Recirculación y depuración del agua_____80
11.5. Bibliografía específica   _____81

CAPÍTULO 12: requisitos sanitarios y de seguridad en piscinas de uso colectivo en Madrid

12.1. Calidad del agua_____85
12.2. Sistema de tratamiento del agua_____86
12.3. Seguridad química_____86
12.4. Recirculación y depuración del agua_____87
12.5. Bibliografía específica_____88

CAPÍTULO 13: requisitos sanitarios y de seguridad en piscinas de uso colectivo en Murcia

13.1. Calidad del agua_____91
13.2. Sistema de tratamiento del agua_____92
13.3. Seguridad química_____92
13.4. Recirculación y depuración del agua_____93
13.5. Bibliografía específica_____94

CAPÍTULO 14: requisitos sanitarios y de seguridad en piscinas de uso colectivo en Navarra

14.1. Calidad del agua_____97
14.2. Sistema de tratamiento del agua_____97
14.3. Seguridad química_____98
14.4. Recirculación y depuración del agua_____98
14.5. Bibliografía específica_____99

CAPÍTULO 15: requisitos sanitarios y de seguridad en piscinas de uso colectivo en el País Valenciano

15.1. Calidad del agua 103
15.2. Sistema de tratamiento del agua 104
15.3. Seguridad química 104
15.4. Recirculación y depuración del agua 105
15.5. Bibliografía específica 107

CAPÍTULO 16: requisitos sanitarios y de seguridad en piscinas de uso colectivo en el País Vasco

16.1. Calidad del agua 111
16.2. Sistema de tratamiento del agua 112
16.3. Seguridad química 112
16.4. Recirculación y depuración del agua 113
16.5. Bibliografía específica 115

CAPÍTULO 17: requisitos sanitarios y de seguridad en piscinas de uso colectivo en La Rioja

17.1. Calidad del agua 119
17.2. Sistema de tratamiento del agua 120
17.3. Seguridad química 120
17.4. Recirculación y depuración del agua 121
17.5. Bibliografía específica 121

CAPÍTULO 18: requisitos sanitarios y de seguridad en piscinas de uso colectivo en el ámbito nacional

18.1. Calidad del agua 125
18.2. Sistema de tratamiento del agua 126
18.3. Seguridad química 127
18.4. Recirculación y depuración del agua 127
18.5. Bibliografía específica 127

Anexo: Cuadro resumen sobre criterios de calidad del agua de Baño en piscinas de uso colectivo 129

Bibliografía 135

INTRODUCCIÓN

Los reglamentos técnicos de las piscinas de uso colectivo son aprobados por normas autonómicas con rango de Decreto, al margen de otra normativa sectorial de aplicación reguladora de elementos presentes en las instalaciones asociadas (seguridad química, aplicación de biocidas, formación y capacitación del personal, aspectos constructivos, ahorro energético, vertidos, etc).

Estos reglamentos, publicados en los boletines o diarios oficiales de los gobiernos de las comunidades autónomas, son de obligado cumplimiento. Establecen las responsabilidades legales en materia de seguridad y salud en las piscinas de uso colectivo. Estos deberes alcanzan a una amplia variedad de agentes relacionados con la construcción, funcionamiento y mantenimiento de las piscinas: titulares de las instalaciones, gestores, diseñadores, proyectistas, técnicos de mantenimiento, operarios de limpieza, socorristas, productos químicos, control de plagas, laboratorios de análisis, etc.

El objetivo fundamental de los reglamentos es garantizar la seguridad de las instalaciones y la protección de la salud pública. Para dicho propósito se establecen un conjunto de estándares verificables y criterios de seguridad para el diseño y su funcionamiento, cuyo enfoque difiere en cada comunidad autónoma, atendiendo a factores sociales, sanitarios, económicos y ambientales característicos de cada territorio.

A continuación se presenta por cada comunidad autónoma, estructurados por capítulos, los requisitos de seguridad y salud relativas a las instalaciones de tratamiento y calidad del agua en las piscinas de uso colectivo.

CAPÍTULO 1

REQUISITOS SANITARIOS Y DE SEGURIDAD EN PISCINAS DE USO COLECTIVO EN ANDALUCÍA

Autores

Joaquín Gámez de la Hoz
Ana Padilla Fortes

1.1.   Calidad del agua
1.2.   Sistema de tratamiento del agua
1.3.   Seguridad química. Aplicación y utilización de productos químicos
1.4.   Recirculación y depuración del agua
1.5.   Bibliografía específica

1. Requisitos sanitarios y de seguridad en piscinas de uso colectivo en Andalucía

Una **piscina** se define como el recinto que comporta la existencia de uno o más vasos artificiales destinados al baño o a la natación, así como las diferentes instalaciones y equipamientos necesarios para el desarrollo de estas actividades.

1.1. Calidad del agua

El agua de llenado de los vasos procederá de la red pública de distribución de agua de consumo siempre que sea posible. Si tuviera otro origen, será preceptivo un informe sanitario favorable del Delegado Provincial de la Consejería de Salud sobre la calidad del agua utilizada. En cualquier caso, recibirá un tratamiento adecuado para cumplir las características que se determinan en los artículos siguientes.

La entrada de agua al vaso se realizará de forma que se imposibilite el reflujo o retrosifonaje del agua de éste a la red de distribución.

El agua contenida en los vasos deberá ser filtrada y desinfectada, no será irritante para la piel, ojos y mucosas y en cualquier caso deberá cumplir los requisitos de calidad establecidos en el reglamento sanitario de piscinas de Andalucía (ver resumen en anexo de este libro), a fin de evitar riesgos para la salud de los usuarios.

La Dirección General de Salud Pública y Participación de la Consejería de Salud podrá modificar los parámetros, por razones de salud pública, pudiendo incluir otras determinaciones que considere necesarias para garantizar la calidad del agua.

1.2. Sistema de tratamiento del agua

El agua recirculada será sometida a un tratamiento físico-químico, utilizando al efecto un sistema de depuración que mantenga la calidad de agua establecida en el anexo del reglamento sanitario.

1.3. Seguridad química. Aplicación y utilización de productos químicos

Para el tratamiento del agua de los vasos, se prohíbe la aplicación directa de productos, por lo que las instalaciones contarán con sistemas de dosificación automáticos, que funcionarán conjuntamente con el de recirculación del agua permitiendo la disolución total y homogénea de los productos utilizados en el tratamiento.

Excepcionalmente y por causas muy justificadas, se permitirá la aplicación directa de algún producto, siempre que se realice fuera del horario de apertura al público.

Los sistemas de desinfección del agua sin efecto residual, requerirán la utilización adicional de cloro u otro desinfectante con efecto residual, en las condiciones establecidas en el reglamento sanitario.

Los productos utilizados para el tratamiento del agua deberán cumplir todos los requisitos exigidos para su uso por la normativa de aplicación.

La manipulación y almacenamiento de los productos químicos se hará en lugares no accesibles a los bañistas y de máximo aislamiento.

Lo dicho en relación con los productos químicos utilizados para el tratamiento del agua, se entiende sin perjuicio del cumplimiento de las diferentes disposiciones normativas sobre productos y sustancias químicas.

1.4. Recirculación y depuración del agua

Durante el tiempo de funcionamiento de la piscina, el agua de los vasos deberá ser renovada continuamente, bien por recirculación previa depuración, o por entrada de agua nueva.

Los sistemas de entrada y salida del agua a los vasos estarán colocados de forma que se consiga una correcta recirculación de todo el volumen de agua.

Los vasos deberán disponer de un sistema adecuado de rebose superficial. En aquellos en los que la superficie de lámina de agua sea superior a trescientos metros cuadrados, el paso del agua del vaso a la depuradora se hará mediante rebosadero o dispositivo perimetral continuo y dispondrán de un depósito regulador o de compensación. Si la superficie de la lámina de agua es inferior o igual a trescientos metros cuadrados se podrán utilizar "*skimmers*", a razón de uno cada veinticinco metros cuadrados de lámina de agua o fracción.

El ciclo de depuración de todo el volumen de agua del vaso no será superior a una hora en los vasos infantiles, cuatro horas en los vasos recreativos y polivalentes descubiertos y cinco horas en los cubiertos.

La velocidad máxima de filtración del agua será la necesaria para garantizar un eficaz proceso en función de las características del filtro y granulometría del material de relleno.

Para conocer diariamente la proporción de agua renovada y depurada, será obligatorio instalar como mínimo dos sistemas de medición de agua, situados, uno a la entrada de alimentación del vaso, y otro después del tratamiento del agua depurada.

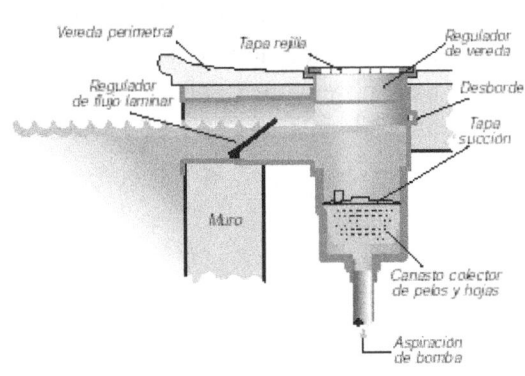

Detalle de Skimmer

El aporte diario de agua nueva a los vasos será el necesario para reponer las pérdidas producidas y facilitar el mantenimiento de la calidad del agua, debiendo ser del cinco por cien (5%) de su volumen total en los períodos de máxima afluencia de bañistas.

1.5. Bibliografía específica

Consejería de Salud (1999). Decreto 23/1999, de 23 de febrero, por el que se aprueba el reglamento sanitario de las piscinas de uso colectivo. Boletín Oficial de la Junta de Andalucía 36:3587-3597, de 25 de marzo de 1999.

Consejería de Salud (2003). Resolución de 17 de junio de 2003, de la Dirección General de Salud Pública y Participación, por la que se actualizan los parámetros del Anexo I del Decreto 23/1999, de 23 de febrero, por el que se aprueba el Reglamento Sanitario de Piscina de Uso Colectivo. BOJA 127: 14.948 de 4 de julio 2003.

Consejería de Salud (2008). Resolución de 21 de noviembre de 2008, de la Secretaría General de Salud Pública y Participación, por la que se modifica el Anexo I del Reglamento Sanitario de Piscinas de Uso Colectivo, aprobado por Decreto 23/1999, de 23 de febrero. BOJA 242: 56, de 5 de diciembre 2008.

Consejería de Salud (2011). Decreto 141/2011, de 26 de abril, de modificación y derogación de diversos decretos en materia de salud y consumo para su adaptación a la normativa dictada para la transposición de la Directiva 2006/123/CE, del Parlamento Europeo y del Consejo, de 12 de diciembre de 2006, relativa a los servicios en el mercado interior. BOJA 92: 10-13, de 12 de mayo 2011.

CAPÍTULO 2

REQUISITOS SANITARIOS Y DE SEGURIDAD EN PISCINAS DE USO COLECTIVO EN ARAGÓN

Autores

Joaquín Gámez de la Hoz
Ana Padilla Fortes

2.1. Calidad del agua
2.2. Sistema de tratamiento del agua
2.3. Seguridad química. Aplicación y utilización de productos químicos
2.4. Recirculación y depuración del agua
2.5. Bibliografía específica

2. Requisitos sanitarios y de seguridad en piscinas de uso colectivo en Aragón

Se consideran **piscinas colectivas** aquellas que perteneciendo a corporaciones, entidades, sociedades de carácter público o privado o personas físicas, no sean de uso exclusivamente unifamiliar.

2.1. Calidad del agua

El agua de abastecimiento a las piscinas, procederá preferentemente de la red de suministro público, y en cualquier caso sufrirá un tratamiento adecuado, para tener las características que se determinan en el reglamento sanitario (véase anexo de este libro).

El agua de los vasos deberá ser filtrada y desinfectada a una dosis tal que resulte desinfectante; no será irritante para los ojos, piel y mucosas, no autorizándose la presencia de sólidos en suspensión, espumas, aceites o grasas.

2.2. Sistema de tratamiento del agua

El sistema de tratamiento por filtración y depuración deberá encontrarse en funcionamiento durante todo el tiempo en que la piscina se encuentre abierta y siempre que sea necesario para asegurar la calidad del agua.

2.3. Seguridad química. Aplicación y utilización de productos químicos

Las instalaciones deberán disponer de sistemas de dosificación adecuados, que permitan la adición de los productos químicos que se utilicen para el tratamiento y depuración del agua en el sistema de depuración.

Después del cierre diario, y en ausencia de bañistas, se permitirá la adición directa de aquellos productos para el tratamiento de las paredes del vaso, así como los desinfectantes a base de clorhidrato de polihexametilén-biguanida.

Almacenamiento de químicos

El almacenamiento y manipulación de los productos empleados para el tratamiento del agua deberá realizarse con las máximas precauciones y en la forma adecuada para cada caso. el almacén no estará situado en lugares accesibles a los bañistas.

Los productos utilizados para el tratamiento del agua del vaso deberán contar con la homologación sanitaria correspondiente.

2.4. Recirculación y depuración del agua

El agua del vaso de la piscina durante su funcionamiento deberá ser renovada continuamente, bien por recirculación y depuración o mediante entrada de agua nueva.

El aporte diario de agua nueva a los vasos será el necesario para reponer las pérdidas producidas y facilitar el mantenimiento de la calidad del agua; dicho aporte será del 5% de su volumen total en los periodos de plena utilización de la piscina.

El nivel de agua en éstos será el suficiente para que los sistemas de renovación por rebosamiento puedan funcionar.

Se vaciará totalmente el agua de la piscina al menos una vez al año y siempre que la Autoridad Sanitaria lo considere necesario para efectuar su limpieza y desinfección. Antes de proceder nuevamente a su llenado, se deberá dar cuenta de esta circunstancia a la Dirección de Salud del Servicio Provincial correspondiente, para que pueda realizar los controles oportunos.

En cualquier caso, se impedirá por el método más adecuado, el retorno del agua de la piscina a la red de suministro público.

El ciclo de depuración de todo el volumen del agua del vaso será el siguiente:

- Piscinas infantiles: 2 horas.
- Piscinas recreativas, polivalentes y de enseñanza descubiertas: 8 horas.
- Piscinas recreativas, polivalentes y de enseñanza cubiertas, 5 horas.
- Piscinas de competición cubiertas y descubiertas, 8 horas .

Los sistemas de entrada y salida del agua a los vasos deberán estar situados de forma que se consiga una perfecta mezcla de todo el volumen del agua contenida en aquellos.

En las piscinas de nueva construcción con una superficie de lámina de agua superior a los 350 metros cuadrados, no podrán instalarse skimmers. Para superficies iguales o inferiores podrán ser instalados en un número mínimo de un skimmer por cada 25 metros cuadrados de superficie de lámina de agua.

Rebosadero perimetral

En los otros casos deberán existir, para la adecuada renovación de la lámina superficial del agua, rebosaderos o dispositivos perimetrales de superficie.

Se instalarán como mínimo 2 contadores de agua situados, uno a la entrada del agua de alimentación del vaso, y otro después del tratamiento del agua depurada. Los contadores deberán registrarlas cantidades de agua diariamente renovada y depurada respectivamente.

2.5. Bibliografía específica

Departamento de Salud y Consumo (1993). Decreto 50/1993, de 19 de mayo, por el que se regulan las condiciones higiénico-sanitarias de las piscinas de uso público. Boletín Oficial de Aragón 58: 6984-5, de 24 de mayo de 2006.

Departamento de Salud y Consumo (1999). Decreto 53/1999, de 25 de mayo, del Gobierno de Aragón, de modificación del Decreto 50/1993, de 19 de mayo, por el que se regulan las condiciones higiénico-sanitarias de las piscinas de uso público. Boletín Oficial de Aragón 70: 3356-7, de 4 de junio de 1999.

Departamento de Salud y Consumo (2006). Decreto 119/2006, de 9 de mayo, del, de modificación del Decreto 50/1993, de 19 de mayo, por el que se regulan las condiciones higiénico-sanitarias de las piscinas de uso público. Boletín Oficial de Aragón 58: 6984-5, de 24 de mayo de 2006.

CAPÍTULO 3

REQUISITOS SANITARIOS Y DE SEGURIDAD EN PISCINAS DE USO COLECTIVO EN ASTURIAS

Autores

Joaquín Gámez de la Hoz
Ana Padilla Fortes

3.1. **Calidad del agua**
3.2. **Sistema de tratamiento del agua**
3.3. **Seguridad química. Aplicación y utilización de productos químicos**
3.4. **Recirculación y depuración del agua**
3.5. **Bibliografía específica**

3. Requisitos sanitarios y de seguridad en piscinas de uso colectivo en Asturias

Se entiende por **piscina** el conjunto de instalaciones que incluyen la existencia de uno o más vasos destinados al baño colectivo con fines deportivos, recreativos, de relajación, terapéuticos y de rehabilitación, y los equipamientos y servicios necesarios para garantizar su perfecto funcionamiento y desarrollo de estas actividades.

Las **piscinas de uso colectivo** son las piscinas de titularidad pública, así como aquellas de titularidad privada que no sean de uso particular.

Un **vaso** es definido como el espacio que, construido de acuerdo con las especificaciones recogidas en las normas sanitarias, tiene por objeto albergar agua con la calidad determinada en la presente norma para el desarrollo de las actividades propias de las piscinas anteriormente mencionadas.

3.1. Calidad del agua

El agua de aporte de los vasos debe proceder preferentemente de una red de distribución de agua de consumo humano. Cuando el agua provenga de distinto origen, y de conformidad con la normativa reguladora en materia de aprovechamiento hidráulico, será obligatoria la autorización de su uso a través de procedimiento establecido por la Organismo de Cuenca. En caso de proceder de agua de mar requerirá título del organismo competente.

La entrada del agua a los vasos se realizará de manera que se imposibilite el reflujo y retrosifonaje del agua del vaso a la red de distribución.

Los sistemas de entrada y salida del agua a los vasos deberán estar situados de forma que se consiga una homogeneización completa y un régimen de circulación uniforme del agua contenida en aquellos.

El agua de los vasos ha de cumplir las características señaladas en el anexo del reglamento sanitario (ver resumen en anexo de este libro) y, en cualquier caso, no contendrá sustancias, gérmenes o propiedades indeseables o perjudiciales para la salud.

3.2. Sistema de tratamiento del agua

Para conseguir las características del agua del vaso señaladas en el reglamento sanitario, ésta deberá ser sometida a procedimientos físico-químicos de reconocida eficacia, utilizando al efecto una planta depuradora donde se realicen todas las fases del tratamiento. Todos los vasos, a excepción de los vasos con renovación continua, deberán disponer de un sistema de depuración que, como mínimo, constará de desinfección automática en continuo y filtración, que tratará todo el caudal de recirculación.

Los sistemas físicos y físico-químicos no precisan de autorización específica, pero deben ser eficaces y no deberán suponer riesgos para la instalación ni para la salud y seguridad del personal de mantenimiento ni de otras personas que puedan estar expuestas, debiéndose verificar su correcto funcionamiento periódicamente. Su uso se ajustará, en todo momento, a las especificaciones técnicas y régimen de dosificación establecidos por el fabricante.

Dosificación automática

Los filtros de arena serán sometidos a una revisión, mantenimiento y limpieza periódica adecuada, y se someterán a renovaciones parciales o totales de su contenido. Se realizará una renovación total del contenido de arena en un intervalo máximo de tiempo de 10 años. El mantenimiento de otros tipos de filtros se ajustará a las especificaciones del fabricante.

3.3. Seguridad química. Aplicación y utilización de productos químicos

Para el tratamiento del agua de las piscinas se deben utilizar sustancias y productos autorizados para dicho fin.

La utilización de sistemas de desinfección que no tengan efecto residual exige siempre la adición de un desinfectante con efecto residual.

Se prohíbe que los productos químicos para el tratamiento sistemático del agua sean añadidos mediante dosificación manual y/o directamente a los vasos. Excepcionalmente y por causas justificadas, siempre y cuando se realice fuera del horario de apertura al público, podrá permitirse la dosificación manual, cuando sea imprescindible como tratamiento de cobertura y corrector.

Todos los vasos han de disponer de sistemas de dosificación automatizados que garanticen la desinfección eficaz del agua. De forma ideal, los vasos dispondrán de un sistema de regulación automático, conectado al sistema de dosificación automático de los productos químicos, que mida en continuo el nivel de desinfectante y pH, como mínimo, en un punto representativo del sistema. Estos dispositivos han de ser calibrados periódicamente, de acuerdo a las especificaciones técnicas de los mismos, y han de registrarse las fechas y datos de la calibración en el sistema de autocontrol.

El almacenamiento y manipulación de los productos químicos, se realizará de acuerdo a sus características de peligrosidad y a las cantidades de que se trate, adecuándose a la legislación vigente en esta materia. Deben tenerse en cuenta las incompatibilidades químicas y se atenderá de manera especial a la posibilidad de reacciones peligrosas. En ningún caso serán accesibles a los usuarios. Los productos estarán correctamente

Envases de productos químicos

etiquetados según lo dispuesto en la normativa sobre notificación, clasificación, envasado y etiquetado de sustancias y preparados peligrosos, se mantendrán preferiblemente en el envase original y, en todo caso, en envases que no tengan pérdidas, que sean fuertes y sólidos y que no sean, ni ellos ni sus cierres, atacables por el producto.

Las instalaciones contarán con locales perfectamente iluminados, ventilados e independientes, para el desarrollo de las actividades relacionadas con el sistema de depuración del agua y el almacenamiento de productos químicos. El acceso a los mismos será fácil para el personal de la instalación, debiendo permitir la realización de las actividades de mantenimiento establecidas en la presente norma, y deberá estar cerrado para evitar la entrada de los usuarios.

3.4. Recirculación y depuración del agua

Todos los vasos han de tener un sistema de depuración independiente del de otros vasos o bien renovación continua del agua.

En las piscinas de nueva construcción, el sistema de paso del agua del vaso a la depuradora se hará mediante rebosadero perimetral continuo en los vasos con más de 200 metros cuadrados de lámina de agua y/o con más de 300 metros cúbicos de volumen. Para superficies iguales o menores a 200 metros cuadrados de superficie de lámina de agua y/o volúmenes iguales o menores de 300 metros cúbicos, se podrán utilizar skimmers o rebosaderos discontinuos en número no inferior a uno cada 25 metros cuadrados de lámina de agua, distribuidos adecuada-mente en función del diseño del vaso.

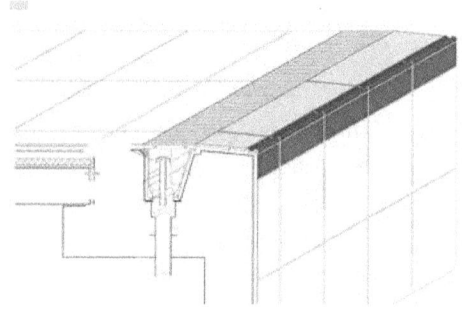

Mientras el vaso esté en uso se debe mantener siempre el nivel de agua coincidente con el borde del rebosadero.

Esquema rebosadero perimetral

Se instalaran como mínimo dos contadores de agua, uno a la entrada del agua de aporte del vaso y otro después del tratamiento del agua depurada, de forma que se conozca en todo momento el volumen de agua renovada y depurada de cada vaso. El contador de agua depurada podrá ser sustituido por un elemento que mida el tiempo de funcionamiento de la depuradora.

Todo el volumen del agua del vaso se recirculará pasando por la instalación de tratamiento. El tiempo de recirculación del volumen total de agua y la velocidad de filtración será la necesaria para garantizar un eficaz proceso en función de las características técnicas del filtro y granulometría del material de relleno, de tal forma que, en las piscinas de nueva construcción o tras remodelación significativa de su sistema de depuración, se cumplan los valores establecidos reglamentariamente.

El agua de los vasos deberá ser renovada diariamente con un aporte de agua nueva en una proporción que garantice tanto la calidad del agua del vaso exigida en el anexo como los niveles necesarios para la utilización correcta de los rebosaderos. El aporte de agua nueva se ajustará a los niveles de conductividad del agua del vaso, de forma que, en condiciones normales, no se supere un incremento de 800 unidades respecto al agua de aporte. En los vasos con agua de mar y en aquellos con tratamiento de electrolisis salina, el aporte de agua nueva será de un mínimo diario del 5% del volumen total del agua contenida en los vasos de volumen inferior a 100 metros cúbicos y del 3% del volumen total del agua contenida en los vasos de volumen igual o superior a 100 metros cúbicos, durante el período de funcionamiento.

Modelo de bomba impulsión

Cuando el estado sanitario o de limpieza de las instalaciones lo aconseje y/o la Autoridad Sanitaria lo considere necesario, se procederá al vaciado total de los vasos de la piscina, efectuándose la limpieza y desinfección de todos sus componentes, incluidos los depósitos de compensación. En el momento que se inicie el vaciado de un vaso y hasta su reapertura al público, se colocarán barreras físicas para impedir el acceso de los usuarios al mismo.

La evacuación de las aguas residuales deberá realizarse a través de la red municipal de alcantarillado. De no existir dicha red, estas aguas serán tratadas adecuadamente de conformidad con la normativa medioambiental aplicable.

En las instalaciones de nueva construcción o tras reforma sustancial, cada vaso con rebosadero perimetral estará dotado de un depósito de compensación, cuya finalidad es mantener un nivel adecuado de agua en el vaso al que se asocia, que ha de cumplir los siguientes requisitos:

a) Estará suficientemente dimensionado, con una capacidad adecuada al volumen del correspondiente vaso.

b) Facilidad en el acceso a todos sus elementos, que permita un buen mantenimiento del mismo y su limpieza y desinfección.

c) Sus materiales han de ser de fácil limpieza y desinfección y resistentes a los productos químicos empleados en el tratamiento del agua.

d) Dispondrá en el fondo, con una inclinación suficiente para garantizar un vaciado total del agua, de un desagüe conectado a la red de saneamiento.

3.5. Bibliografía específica

Consejería de Salud y Servicios Sanitarios (2009). Decreto 140/2009, de 11 de noviembre, por el que se aprueba el reglamento técnico sanitario de piscinas de uso colectivo. Boletín Oficial del Principiado de Asturias 277: 1-16, de 30 de noviembre de 2009.

CAPÍTULO 4

REQUISITOS SANITARIOS Y DE SEGURIDAD EN PISCINAS DE USO COLECTIVO EN CANTABRIA

Autores

Joaquín Gámez de la Hoz
Ana Padilla Fortes

4.1. Calidad del agua
4.2. Sistema de tratamiento del agua
4.3. Seguridad química. Aplicación y utilización de productos químicos
4.4. Recirculación y depuración del agua
4.5. Bibliografía específica

4. Requisitos sanitarios y de seguridad en piscinas de uso colectivo en Cantabria

Se entiende por **piscina** el conjunto de vasos destinados al baño con fines deportivos, recreativos, de descanso o de relajación, así como las instalaciones anexas y los servicios complementarios para garantizar su adecuado funcionamiento.

Las **piscinas de uso colectivo** son todas las piscinas excluidas las de uso familiar.

El **vaso** se define como el elemento constructivo destinado a albergar el agua de las piscinas.

4.1. Calidad del agua

El agua no será irritante para piel, mucosas y ojos, y no han de ser perceptibles sólidos en suspensión, espumas, grasas y/o aceites.

En el caso de que el agua de abastecimiento de las piscinas no proceda de la red general de distribución de agua de consumo humano, la instalación deberá contar con la oportuna concesión administrativa de utilización del recurso hídrico otorgada por el Organismo de Cuenca correspondiente, en el caso de agua dulce, o por el órgano competente en materia de costas de la Administración del Estado, en el caso de agua salada.

La entrada del agua de alimentación a los vasos debe contar con dispositivos antirreflujo que impidan el retorno del agua del vaso a la red.

En los proyectos de nuevas instalaciones se introducirán criterios y elementos encaminados al ahorro de agua.

Detalle válvula anti-reflujo

4.2. Sistema de tratamiento del agua

El agua de los vasos, debe presentar las características definidas en el anexo del reglamento sanitario (consultar resumen en anexo de este libro), para lo cual será sometida a tratamientos físico-químicos de reconocida eficacia. En todos los casos, al menos, deberá ser filtrada, desinfectada y presentará desinfectante residual.

4.3. Seguridad química. Aplicación y utilización de productos químicos

El tratamiento químico del agua se realizará exclusivamente con productos químicos homologados para el tratamiento de aguas de piscina por el Ministerio de Sanidad, Política Social e Igualdad.

La concentración de los productos químicos utilizados en el agua del vaso cumplirá con los límites establecidos en la norma sanitaria de piscinas, o en caso de no quedar reflejados en la misma, con los establecidos por el fabricante en cada caso. Las condiciones de utilización serán las establecidas en la ficha técnica del producto.

La instalación contará con los elementos necesarios para efectuar la determinación rápida del nivel de desinfectante y de pH en el agua del vaso.

La adición de productos químicos se realizará mediante dosificación automática e independiente para cada vaso. Excepcionalmente, cuando esté debidamente justificado y siempre que se realice fuera del horario de apertura al público, se podrá realizar la adición manual de productos químicos.

Cualquier envase que contenga productos químicos habrá de estar etiquetado conforme a la normativa en vigor.

Las piscinas de uso colectivo contarán con locales bien ventilados, secos, frescos e independientes destina dos al tratamiento del agua y el almacenamiento de productos químicos.

Los productos químicos almacenados se mantendrán en sus envases originales, debidamente cerrados y etiquetados.

El acceso a los mismos será fácil para el personal de la instalación y los inspectores y deberá estar cerrado para evitar la entrada de los usuarios.

4.4. Recirculación y depuración del agua

Todos los vasos de nueva construcción o que sean reformados de forma sustancial, con una superficie de lámina de agua superior a 250 metros cuadrados, deberán contar con un rebosadero perimetral. Los vasos de igual o inferior tamaño al menos dispondrán de rebosaderos discontinuos (skimmers), en número igual o superior a un skimmer por cada 25 metros cuadrados de lámina de agua.

Cuando el vaso esté en uso, el nivel del agua debe mantenerse coincidente con el borde del rebosadero. El canal del rebosadero del agua debe ser accesible para su limpieza y mantenimiento, y estar protegido de forma que se eviten accidentes.

La renovación del agua será constante. El agua renovada procederá tanto de la recirculación como del aporte de agua nueva.

La entrada diaria de agua nueva a cada vaso será suficiente para garantizar el mantenimiento de la calidad del agua reseñada en el citado anexo y para que se mantenga el nivel necesario para el funcionamiento del sistema de recirculación.

La recirculación del agua será constante durante el tiempo de apertura de la instalación y la precisa para conseguir las características del anexo referido.

Se instalarán contadores en cada vaso que permitan medir el volumen diario de agua renovada por entrada de agua nueva y el volumen de agua recirculada.

Contador volumétrico

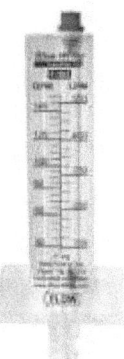

Caudalímetro

La velocidad de filtración del agua será la necesaria para garantizar un proceso eficaz en función de las características del filtro y la granulometría del material de relleno. Se recirculará el volumen total del agua en 1 hora en los vasos infantiles, de chapoteo y en los vasos termales y/o de relajación de hasta 10 metros cúbicos de volumen, y en 4 horas en el resto de los vasos.

Los sistemas de entrada y salida del agua a los vasos estarán diseñados y deberán estar situados de forma que se consiga una homogeneización completa y un régimen de circulación uniforme del agua contenida en aquellos.

Todos los vasos se vaciarán totalmente para proceder a su limpieza y desinfección una vez al año, y siempre que se precise por incumplimiento de los parámetros del anexo del reglamento sanitario.

El agua del vaciado cumplirá con la normativa vigente en materia de vertidos.

4.5. Bibliografía específica

Consejo de Gobierno (2008). Decreto 72/2008, de 24 de julio, por el que se aprueba el Reglamento Sanitario de Piscinas de Uso Colectivo de la Comunidad Autónoma de Cantabria. Boletín Oficial de Cantabria 199: 13975-81, de 15 de octubre de 2008.

CAPÍTULO 5

REQUISITOS SANITARIOS Y DE SEGURIDAD EN PISCINAS DE USO COLECTIVO EN CASTILLA-LA MANCHA

Autores

Joaquín Gámez de la Hoz
Ana Padilla Fortes

5.1. Calidad del agua
5.2. Sistema de tratamiento del agua
5.3. Seguridad química. Aplicación y utilización de productos químicos
5.4. Recirculación y depuración del agua
5.5. Bibliografía específica

5. Requisitos sanitarios y de seguridad en piscinas de uso colectivo en Castilla-La Mancha

Se entiende por **piscina** al recinto formado por el conjunto de instalaciones destinadas principalmente al baño o a la natación y que contiene una o más zonas de baño, con uno o más vasos artificiales, y una zona de estancia, incluyéndose los equipamientos y elementos anexos necesarios para garantizar su correcto funcionamiento, así como los servicios complementarios opcionales que se pongan a disposición del usuario.

Las **piscinas de uso colectivo** son todas las piscinas, a excepción de las piscinas de uso particular, sea cual sea su titularidad y características.

Se considera **vaso** al elemento artificial construido con el objeto de albergar el agua para el baño, el cual puede tener una o varias zonas.

5.1. Calidad del agua

El agua disponible en todas las instalaciones de las piscinas de uso colectivo, deberá proceder de una red de distribución pública y cumplir con el Real Decreto 140/2003, de 7 de febrero, por el que se establecen los criterios sanitarios de la calidad del agua de consumo humano.

El agua de alimentación, llenado o renovación de los vasos procederá de la red pública de distribución de agua.

Se podrán utilizar aguas de otros orígenes, siempre que el agua del vaso cumpla con lo establecido en el anexo del reglamento sanitario (ver resumen en anexo de este libro), previa autorización de la autoridad competente. A estos efectos, corresponde a los titulares de las piscinas presentar la correspondiente solicitud, a la que acompañará analítica completa realizada por un laboratorio autorizado, según lo dispuesto en la normativa autonómica sobre autorizaciones de los laboratorios para la realización de análisis sanitarios de sustancias y productos relacionados con la sanidad ambiental. En el caso de que los resultados de la analítica aportada muestren que el agua de otros orígenes distintos a la red de distribución pública no reúne las características de calidad exigible, los titulares de las piscinas deberán especificar los tratamientos del agua, previos a su utilización.

El agua de las instalaciones no podrá proceder del circuito de depuración propio del vaso.

La entrada de agua de renovación al vaso se realizará de forma que, mediante válvulas antirretorno, se imposibilite el reflujo o retrosifonaje de la misma a la red de distribución.

El agua de los vasos de la piscina estará exenta de sustancias en concentraciones que puedan perjudicar la salud de los usuarios. No será irritante para los ojos, piel y mucosas, y deberá cumplir los requisitos de calidad establecidos en el citado anexo. Deberá conservarse en unas condiciones y cualidades que la hagan adecuada para la inmersión de los usuarios, siendo responsabilidad del titular de la piscina el mantenimiento de todos los parámetros dentro de ¡os límites establecidos, para lo cual deberá realizar los controles necesarios.

Los parámetros y sus valores límite a los que hace referencia dicho anexo, podrán ser modificados por la autoridad sanitaria, en circunstancias y casos especiales, previa solicitud del titular de la piscina de uso colectivo.

En las piscinas de uso público, se expondrán los últimos controles sobre la calidad del agua, en lugar visible y fácilmente accesible a los usuarios.

5.2. Sistema de tratamiento del agua

La calidad del agua de los vasos deberá ser la exigida en el anexo referido, para lo cual deberá ser recirculada en circuito cerrado y depurada mediante un sistema que, al menos, comprenda una filtración y posterior desinfección, para lo cual se podrán utilizar tratamientos físico-químicos.

El sistema de tratamiento deberá estar en funcionamiento continuo, como mínimo, durante todo el tiempo que la piscina esté abierta al público, y siempre que sea necesario para asegurar la calidad del agua de los vasos.

5.3. Seguridad química. Aplicación y utilización de productos químicos

En las piscinas de uso público de nueva construcción, para la desinfección química se instalará un sistema de regulación automático que medirá en continuo la cantidad de desinfectante y pH, facilitando la información al dispositivo regulador de dosificación.

Se podrá utilizar otro tipo de desinfección, siempre y cuando se garantice su eficacia por parte del titular de la piscina de uso colectivo.

Los productos utilizados para el tratamiento del agua deberán cumplir todos los requisitos exigidos para su uso por la normativa de aplicación.

La manipulación y almacenamiento de los productos químicos se hará con las máximas precauciones, en lugares no accesibles a los usuarios y bañistas, con el máximo aislamiento, debiéndose ajustar a lo exigido para su autorización y de acuerdo a lo reflejado en su etiquetado, normas de envasado y utilización y cualquier otro que les afecte. En la manipulación se observarán especialmente las indicaciones del fabricante, así como las frases de riesgo y los consejos de prudencia establecidos para la autorización de estos productos.

Las instalaciones contarán con locales, zonas o espacios bien ventilados, secos, frescos e independientes para el almacenamiento de productos químicos, los cuales deberán estar ordenados de tal forma que no puedan producirse reacciones entre los mismos. En ningún caso se podrá compartir este espacio con aparatos de calefacción o cuadros eléctricos.

Sala depuración

El paso a estos locales, espacios o zonas será exclusivo para el personal de las instalaciones, debiéndose evitar el acceso a los usuarios.

Los productos químicos para el tratamiento de desinfección del agua no se añadirán nunca directamente a los vasos. Será imprescindible disponer de un sistema de dosificación automático, que funcione conjuntamente con el de recirculación del agua. Excepcionalmente y por causas justificadas, siempre y cuando se realice fuera del horario de funcionamiento, podrá permitirse la dosificación manual, siempre y cuando se garantice su eficacia. De la misma manera se procederá con el resto de productos utilizados para el tratamiento del agua.

Queda totalmente prohibido añadir directamente cualquier producto químico al vaso en presencia de bañistas.

Los envases de los productos químicos para el tratamiento de piscinas se mantendrán cerrados, conservando visibles las etiquetas originales. En todo caso, debe respetarse el periodo máximo de almacenamiento establecido por el fabricante.

Los valores límite autorizados en el agua del vaso, en lo relativo a los productos químicos utilizados para la desinfección del agua serán los establecidos en el anexo del presente libro. Para el resto de los productos químicos de desinfección, cuyos valores límite no se contemplen en dicho anexo, se fijarán por la autoridad competente.

En todo caso y con independencia del tipo de desinfección química utilizado, deberá garantizarse la calidad microbiológica del agua mediante el control de los niveles residuales de desinfectantes en el agua del vaso.

En caso de utilizar otro tipo de desinfección distinto al químico deben ser de probada eficacia y no deberá suponer riesgos para la instalación ni para la salud y seguridad de los operarios, ni de otras personas que puedan estar expuestas, debiéndose verificar la calidad microbiológica del agua mediante control analítico periódico. Su uso se ajustará, en todo momento, a las especificaciones técnicas establecidas por el fabricante.

5.4. Recirculación y depuración del agua

Para la recirculación del agua, las piscinas de uso colectivo contarán con un sistema de recogida mediante rebosaderos continuos o discontinuos (skimmers). El nivel de agua deberá superar en todo momento el borde del rebosadero para el correcto funcionamiento del mismo.

En los vasos de nueva construcción o gran reforma con una superficie de lámina de agua superior a 300 metros cuadrados, será obligatorio, para el sistema de recogida y recirculación, disponer de rebosaderos perimetrales, preferentemente de superficie, y con flujo conveniente, que permita la adecuada recirculación y renovación de la totalidad de la lámina superficial de agua. El volumen de agua recirculada de esta manera, será como mínimo del 50% de los caudales de recirculación.

Cuando los rebosaderos perimetrales se sitúen en la zona superior de las paredes, sus bordes deben ser redondeados. Cuando sean perimetrales de superficie se tendrá especial cuidado en que las rejillas que tapan el canal sean antideslizantes, de material antioxidante, de adecuada resistencia para soportar el peso de los bañistas que la pisen y diseñadas para producir la menor pérdida de agua posible.

Los sistemas de entrada y salida del agua del vaso estarán situados de forma que se consiga una correcta homogeneización y régimen de circulación de la totalidad del agua, evitándose zonas muertas.

Para conocer diariamente la proporción de agua depurada, será obligatoria la instalación en las piscinas de uso colectivo de sistemas de medición de agua, o caudalímetros, de manera que se conozca en todo momento el volumen de agua depurada.

El tiempo de recirculación del volumen total de agua no excederá de los siguientes períodos:

a) Vasos infantiles o de chapoteo: dos horas.
b) Vasos con una profundidad igual o inferior a 1,5 metros: cuatro horas.
c) Para el resto de vasos que tengan una profundidad superior a 1,5 metros: ocho horas.

En las piscinas de nueva construcción o gran reforma, el tiempo máximo de recirculación del volumen total del agua de los vasos será la mitad de lo indicado en el párrafo anterior.

No obstante lo especificado sobre los tiempos de recirculación, la autoridad competente podrá requerir que los ciclos tengan un tiempo inferior a los anteriores cuando se compruebe que con los ciclos actuales no se mantiene la correcta calidad del agua, de acuerdo con lo indicado en el anexo del reglamento sanitario.

La velocidad de filtración será la necesaria para garantizar un eficaz proceso en función de las características técnicas del filtro y granulometría del material de relleno, de tal forma que se cumplan los criterios de calidad establecidos.

5.5. Bibliografía específica

Consejería de Sanidad (2007). Decreto 288/2007, de 16 de octubre, por el que se establecen las condiciones higiénico-sanitarias de las piscinas de uso colectivo. Diario Oficial de Castilla La Mancha 218: 25384-96, de 19 de octubre de 2007.

CAPÍTULO 6

REQUISITOS SANITARIOS Y DE SEGURIDAD EN PISCINAS DE USO COLECTIVO EN CASTILLA Y LEÓN

Autores

Joaquín Gámez de la Hoz
Ana Padilla Fortes

6.1. Calidad del agua
6.2. Sistema de tratamiento del agua
6.3. Seguridad química. Aplicación y utilización de productos químicos
6.4. Recirculación y depuración del agua
6.5. Bibliografía específica

6. Requisitos sanitarios y de seguridad en piscinas de uso colectivo en Castilla y León

Se entiende por **piscina** el conjunto de instalaciones y construcciones que constituyen el soporte necesario para la práctica del baño colectivo y de la natación, y de aquellas otras accesorias, incluidas todas en el mismo recinto.

Son **piscinas de uso público** las pertenecientes a corporaciones, entidades, instituciones, alojamientos turísticos y sociedades, con independencia de que su titularidad sea pública o privada.

6.1. Calidad del agua

El agua de alimentación de los vasos procederá de la red de distribución pública. La utilización de agua de distinto origen precisará el informe favorable del Servicio Territorial de Sanidad y Bienestar Social.

El agua circulante en pediluvios y duchas, así como la del resto de instalaciones generales, deberá proceder directamente de la red de distribución de agua potable. Nunca podrá pertenecer al circuito de regeneración propio de los vasos y su eliminación se realizará, junto con el agua de desagüe a la red de alcantarillado general.

La entrada de agua de alimentación a los vasos deberá disponer de dispositivos antirreflujo que impidan el paso del agua desde el vaso a la red de suministro.

El agua de alimentación de los vasos deberá ser filtrada, desinfectada y desinfectante, y cumplirá las siguientes condiciones:

- No tendrá olor ni sabor desagradable (excepto los mínimos inevitables, característicos del sistema de tratamiento).
- No será irritante para los ojos, piel y mucosas.
- No será perceptible la presencia de sólidos en suspensión, espumas, aceites o grasas.

- Sus condiciones físico-químicas y bacteriológicas deberán encontrarse dentro de los limites establecidos en el anexo del reglamento sanitario (consultar resumen en el anexo de este libro).

6.2. Sistema de tratamiento del agua

El agua recirculada y el de nueva aportación deberá ser sometida a tratamiento mediante procedimientos físicos o químicos, incluyendo un sistema de desinfección, durante todo el tiempo en el que la piscina permanezca abierta al público.

Los productos que se utilicen para el tratamiento del agua deberán contar con las correspondientes autorizaciones sanitarias.

6.3. Seguridad química. Aplicación y utilización de productos químicos

La organización de los procesos de tratamiento del agua irá siempre acompañada de la adición de un desinfectante compatible, con efecto residual.

Los productos químicos empleados para el tratamiento sistemático del agua no se añadirá nunca directamente a los vasos. Será imprescindible disponer de un sistema de dosificación automático que funcione conjuntamente con los sistemas de alimentación y recirculación. Sólo en casos de emergencia, siempre y cuando se efectúe fuera del horario en el que la piscina permanezca abierta al público, podrá permitirse la dosificación manual, cuando sea imprescindible como tratamiento de cobertura y corrector.

Deberán mantenerse las máximas precauciones en lo concerniente al almacenaje y manipulación de los productos, que en ningún caso serán accesibles a los usuarios.

Durante todo el tiempo en el que la piscina no se encuentre en funcionamiento, cada uno de sus vasos, a excepción de los de chapoteo, deberá ser dotado de un sistema que garantice la imposibilidad de que pueda producirse la caída de personas en su interior.

6.4. Recirculación y depuración del agua

El agua contenida en los vasos de la piscina, durante el funcionamiento de ésta, deberá estar renovándose continuamente bien por recirculación, bien por entrada de agua nueva, previa depuración de la misma en cualquier caso.

El agua de los vasos deberá ser renovada con un aporte de agua que garantice que los parámetros relacionados en el citado anexo se encuentran dentro de los limites establecidos en el mismo, así como que su nivel es el necesario para un adecuado funcionamiento de los rebosaderos.

Bajo ningún concepto se efectuarán operaciones de vaciado, aunque sean parciales, en horario de apertura al público.

Toda piscina dispondrá de sistemas automáticos de renovación y regeneración del agua.

Las bocas de entrada de agua a los vasos serán diseñadas de forma que se consiga una homogeneización completa y un régimen de circulación uniforme del agua contenida en aquellos.

El paso del agua del vaso a la depuradora deberá hacerse mediante rebosadero perimetral continuo, debidamente protegido.

El rebosadero limitará el nivel máximo del agua, evacuará la película superficial de impurezas y, en su caso, servirá de asidero a los usuarios.

El tiempo de recirculación, con depuración de toda la masa de agua, deberá ser el fijado por la normativa aplicable y, en cualquier caso, deberá garantizar la calidad sanitaria del agua de los vasos.

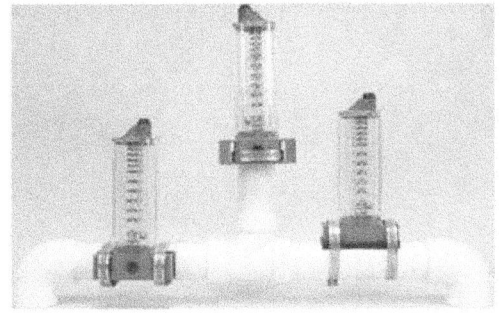

Muestra de caudalímetros

En cada vaso deberán instalarse dos contadores de agua o caudalimetros, uno a la entrada del agua de alimentación del vaso y otro después del tratamiento de depuración, para registrar los volúmenes de agua diariamente renovada y depurada.

6.5. Bibliografía específica

Consejería de Sanidad y Bienestar Social (1993). Decreto 177/1992, de 22 de octubre, que aprueba la Normativa Higiénico-Sanitaria para piscinas de uso público. Boletín Oficial de Castilla y León 103: 2739, de 2 de junio de 1993.

Consejería de Sanidad y Bienestar Social (1996). Decreto 36/1996, de 22 de febrero, por el que se amplían los plazos de adaptación del Decreto 177/1992, de 22 de octubre, que aprueba la Normativa Higiénico Sanitaria para piscinas de uso público. Boletín Oficial de Castilla y León 40: 1662, de 26 de febrero de 1996.

Consejería de Sanidad y Bienestar Social (1997). Decreto 106/1997, de 15 de mayo, por el que se modifica el artículo 3° del Decreto 177/1992, de 22 de octubre, que aprueba la Normativa Higiénico-Sanitaria para piscinas de uso público. Boletín Oficial de Castilla y León 93: 3924, de 19 de mayo de 1997.

CAPÍTULO 7

REQUISITOS SANITARIOS Y DE SEGURIDAD EN PISCINAS DE USO COLECTIVO EN CATALUÑA

Autores

Joaquín Gámez de la Hoz
Ana Padilla Fortes

7.1. Calidad del agua
7.2. Sistema de tratamiento del agua
7.3. Seguridad química. Aplicación y utilización de productos químicos
7.4. Recirculación y depuración del agua
7.5. Bibliografía específica

7. Requisitos sanitarios y de seguridad en piscinas de uso colectivo en Cataluña

Una **piscina** es definida como una instalación que comporta la existencia de uno o más vasos artificiales destinados al baño colectivo o a la natación, y los equipos y servicios complementarios para el desarrollo de estas actividades.

Las **piscinas de uso público** son todas las piscinas de titularidad pública, y las de titularidad privada cuya utilización está condicionada al pago de una cantidad en concepto de entrada o de cuota de acceso, directo o indirecto, así como todas aquéllas que son de uso particular.

7.1. Calidad del agua

El agua de aprovisionamiento de las piscinas debe proceder, preferentemente, de una red de distribución pública. Se podrán utilizar aguas de otros orígenes que presenten características sanitarias equivalentes, previa la autorización por parte del ayuntamiento correspondiente.

A los efectos autorizadores citados previamente, corresponde a los titulares de las piscinas presentar la correspondiente solicitud. Transcurrido un mes desde la fecha de esta presentación, sin que el órgano municipal competente haya resuelto la solicitud, se entenderá estimada.

El agua de los vasos deben ser filtrada, desinfectada y con poder desinfectante, y cumplir, en todo caso, las siguientes características:

- No ser irritante para los ojos, la piel y las mucosas.
- Estar libre de microorganismos patógenos.
- No hacer perceptible la presencia de sólidos en suspensión, espumas, aceites o grasas.

Para el seguimiento de las correctas condiciones físico-químicas y microbiológicas del agua, se fijan unos criterios de calidad recogidos en el reglamento sanitario (ver resumen en anexo del presente libro).

De acuerdo con los nuevos conocimientos científicos sobre los riesgos asociados al agua y a las nuevas tecnologías del tratamiento del agua, por orden del Consejero de Sanidad y Seguridad Social se podrán modificar los parámetros y los márgenes establecidos en el reglamento sanitario.

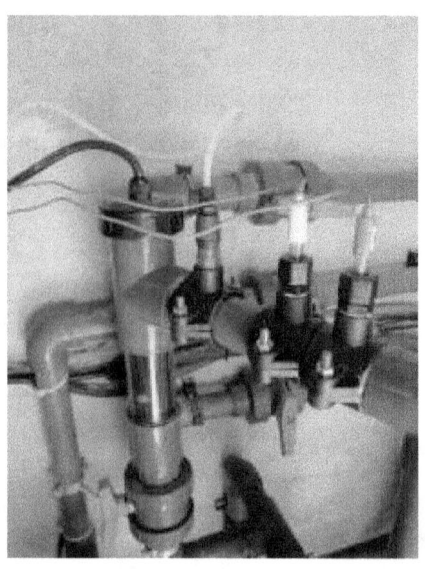

Instalación electrolisis salina

7.2. Sistema de tratamiento del agua

Los equipos de tratamiento del agua deben poder garantizar que los vasos de las piscinas dispongan en todo momento de un agua de las características de calidad establecidas en el reglamento sanitario.

Para el tratamiento del agua de las piscinas deben utilizarse sustancias y productos autorizados de acuerdo con la normativa vigente.

7.3. Seguridad química. Aplicación y utilización de productos químicos

Para el suministro de productos químicos para el tratamiento sistemático del agua, debe disponerse de sistemas de dosificación que funcionen conjuntamente con el sistema de circulación, y que permitan, si es necesario, la disolución total de los productos utilizados para los tratamientos, que en ningún caso, se podrán añadir directamente a los vasos. La utilización de sistemas de desinfección que no tengan efecto residual exige siempre el suministro de un desinfectante, con efecto residual.

Las determinaciones del nivel del desinfectante residual utilizado, pH y transparencia del agua se realizará un mínimo de dos veces al día, en los momentos de apertura de la piscina y de máxima confluencia de público. En las piscinas cubiertas se controlará, también, la temperatura del agua.

Los productos para al tratamiento del agua de los vasos, y los productos y utensilios para la limpieza y desinfección de las instalaciones, deben guardarse en un local con este uso exclusivo, ventilado y excluido del acceso de los usuarios. En caso de utilización de cloro líquido o en forma de gas, deberá prever su situación en una zona separada. Este local debe poder permanecer cerrado con llave.

7.4. Recirculación y depuración del agua

El agua de los vasos debe renovarse continuamente durante el período de apertura al público de la piscina, bien por recirculación, previa depuración, bien por entrada de agua nueva. Esta circulación del agua debe permitir una renovación total de la misma y a la vez asegurar el cumplimiento de las previsiones del reglamento sanitario.

Los vasos deben disponer de un sistema de control de la aportación de agua nueva y del agua reciclada.

7.5. Bibliografía específica

Departamento de Sanidad y Seguridad Social (2000). Decreto 95/2000, de 22 de febrero, por el que se establecen las normas sanitarias aplicables a las piscinas de uso público. Diari Oficial de la Generalitat de Catalunya 3902: 2338-41, de 6 de marzo del 2000.

Departamento de Sanidad y Seguridad Social (2000). Decreto 177/2000, de 15 de mayo, por el que se modifica la disposición transitoria única del Decreto 95/2000, de 22 de febrero, por el cual se establecen las normas sanitarias aplicables a las piscinas de uso público. Diari Oficial de la Generalitat de Catalunya 3148: 6740, de 26 de mayo del 2000.

Departamento de Sanidad y Seguridad Social (2001). Decreto 165/2001, de 12 de junio, de modificación del Decreto 95/2000, de 22 de febrero, por el que se establecen las normas sanitarias aplicables a las piscinas de uso público. Diari Oficial de la Generalitat de Catalunya 3417: 9579-80, de 26 de junio del 2001.

CAPÍTULO 8

REQUISITOS SANITARIOS Y DE SEGURIDAD EN PISCINAS DE USO COLECTIVO EN EXTREMADURA

Autores

Joaquín Gámez de la Hoz
Ana Padilla Fortes

8.1. **Calidad del agua**

8.2. **Sistema de tratamiento del agua**

8.3. **Seguridad química. Aplicación y utilización de productos químicos**

8.4. **Recirculación y depuración del agua**

8.5. **Bibliografía específica**

8. Requisitos sanitarios y de seguridad en piscinas de uso colectivo en Extremadura

Se define **piscina** como un establecimiento formado por un conjunto de construcciones e instalaciones que comportan la existencia de uno o más vasos destinados al baño colectivo.

Se considera que el **vaso** es el recipiente que contiene el agua para bañarse.

8.1. Calidad del agua

El agua de alimentación y de renovación de los vasos procederá de la red de agua de abastecimiento público. Los titulares de las piscinas solicitarán a las empresas de distribución y/o control del agua de abastecimiento contratadas por el ayuntamiento o en su defecto a los propios servicios municipales, los valores actualizados de los distintos parámetros en el agua de la red municipal, con especial indicación de los valores de oxidabilidad, conductividad, nitratos, amoniaco, aluminio, hierro y cobre. En todo caso el titular de la piscina contará al menos al comienzo de la temporada con los valores analíticos de los parámetros señalados.

La utilización de un agua de diferente origen requerirá la autorización del Director General de Consumo y Salud Comunitaria, sin la cual, no podrá emitirse el informe sanitario preceptivo, necesario para la autorización de apertura o reapertura establecida. La citada autorización será otorgada tras una toma de muestra oficial e informe posterior del sanitario competente, siempre que la misma no supere los 5 mg/L de oxidabilidad con permanganato, y los 50 mg/L expresados en nitratos.

En todo caso los sistemas de depuración y mantenimiento de las instalaciones serán diseñados en función de la calidad del agua de origen.

El agua del vaso de la piscina no tendrá olor ni sabor desagradables procedentes de productos diferentes a los del tratamiento, ni contendrá sustancias que puedan perjudicar la salud.

La calidad del agua de baño en el vaso de una piscina responderá a las características descritas en el anexo del reglamento sanitario (consultar resumen en el anexo del presente libro).

El titular o la empresa gestora contratada, o bien la persona en quien delegue por escrito con aceptación del interesado, medirá y anotará en el Libro Oficial de Registro de Piscinas los parámetros de calidad del agua estipulados.

Los vasos de las piscinas contarán con sistemas que impidan el retorno del agua a la red de abastecimiento público o a su correspondiente sistema de captación.

8.2. Sistema de tratamiento del agua

Toda piscina de uso colectivo dispondrá de vasos con sistemas de depuración del agua adecuados.

Todas aquellas personas físicas o jurídicas que realicen el mantenimiento de piscinas de uso colectivo a terceros, contarán con la inscripción en el Registro de Piscinas de Uso Colectivo de Extremadura en la sección de mantenedores.

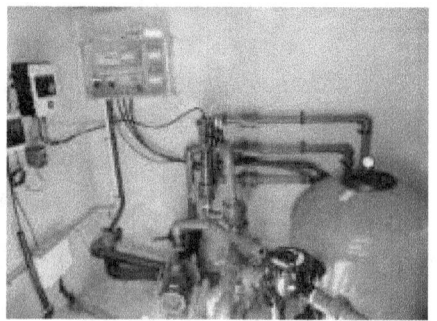

Muestra sala depuración

8.3. Seguridad química. Aplicación y utilización de productos químicos

Los sistemas de depuración de agua de las piscinas de uso colectivo contarán con dispositivos dosificadores automáticos de los productos de tratamiento. Únicamente se permitirá la adición directa al agua del coagulante - floculante en ausencia de bañistas, retirándose posteriormente mediante la utilización de limpiafondos.

Para los productos sólidos que requieran una disolución "*in situ*" antes de transformarse en reactivos líquidos, deberán instalarse tanques de disolución con una capacidad mínima de agua que asegure la correcta disolución del producto en función de su índice de saturación.

Los productos químicos utilizados en el tratamiento de las piscinas, deberán contar con la inscripción en el listado de productos homologados para el tratamiento de aguas de piscinas de la Dirección General de Salud Pública del Ministerio de Sanidad, Política Social e Igualdad, reflejándose su dosificación habitual o correcta en el Procedimiento normalizado de trabajo que debe existir.

Los procedimientos normalizados de trabajo relativos al empleo de productos, limpieza de filtros, etc., estarán expuestos en las dependencias de los sistemas de depuración o en el almacén de productos químicos.

Cuando se requiera la utilización de productos químicos para el tratamiento de piscinas, que el Ministerio de Sanidad, Política Social e Igualdad considere mediante resolución escrita que no necesitan de su homologación, el responsable de mantenimiento presentará ante la Dirección General de Consumo y Salud Comunitaria de la Consejería de Sanidad y Consumo, una copia de dicha resolución e informe en el que se justifique la eficacia e idoneidad del empleo de dicho producto, de acuerdo a los nuevos procedimientos técnicos y científicos que avalen su utilización.

Teniendo en cuenta las posibilidades de uso de métodos distintos a los tradicionales (nuevos métodos físico-químicos o químicos), la Dirección General de Consumo y Salud Comunitaria podrá desarrollar una Comisión Técnica o grupo de expertos "*ad hoc*" para valorar y, en su caso, autorizar los nuevos procedimientos.

Los productos químicos mencionados se ubicarán en el local o locales de almacenaje ordenados de tal forma que no puedan producirse reacciones entre los mismos. En ningún caso se podrá compartir este almacén con aparatos de calefacción o cuadros eléctricos.

Los envases de los productos químicos para el tratamiento de piscinas se mantendrán cerrados, conservando visibles las etiquetas originales. En todo caso, debe respetarse el periodo máximo de almacenamiento establecido por el fabricante.

El manejo de los productos químicos deberá realizarse con las máximas precauciones y en la forma adecuada para cada caso, según las instrucciones del fabricante.

En un lugar visible se expondrá un cartel con las medidas de seguridad necesarias para evitar accidentes y con expresa referencia a los antídotos a utilizar en los supuestos de contacto o ingestión de los mismos.

8.4. Recirculación y depuración del agua

Los sistemas de entrada y salida del agua del vaso deberán estar situados de forma que se tienda a la homogeneidad del agua contenida en el mismo, evitándose las zonas muertas.

Las piscinas de nueva construcción cuya lámina de agua sea superior a 100 metros cuadrados y las de superficie inferior a 100 metros cuadrados cuyo aforo de bañistas se fije en más de 20 contarán con un sistema de circulación hidráulica inversa mixta o, en su defecto, de circulación hidráulica inversa, y habrán de instalar rebosaderos perimetrales, preferentemente de superficie, que evacuen la lámina superior del agua a través de colectores a una arqueta de compensación. Las piscinas de lámina inferior o igual a 100 metros cuadrados cuyo aforo de bañistas se fije en más de 20 podrán utilizar skimmers en una proporción no inferior a un skimmer por cada 25 metros cuadrados de lámina.

En las construidas con anterioridad a la entrada en vigor del actual reglamento con superficie de lámina de agua inferior o igual a 350 metros cuadrados que tengan ya instalados skimmers, se podrán mantener en un número no inferior a uno por cada 25 metros cuadrados de superficie, o bien deberán disponer de un sistema equivalente a dicho número, en cuanto a su capacidad de evacuación de la lámina superficial de agua. En las de superficie superior a 350 metros cuadrados se modificará el sistema de paso del agua a la depuradora instalando rebosaderos perimetrales o sistema equivalente, que evacuen la lámina superior de agua a través de colectores, a una arqueta de compensación. No obstante lo anterior, deberá ajustarse en todo caso, a que el sistema de depuración instalado, garantice los criterios establecidos en la reglamentación de piscinas en cuanto a la calidad sanitaria del agua del vaso.

Si los rebosaderos perimetrales se sitúan en la zona superior de las paredes, sus bordes deben ser redondeados. Cuando sean perimetrales de superficie se tendrá especial cuidado en que las rejillas que tapan el canal sean antideslizantes, de material antioxidante, de adecuada resistencia para soportar el peso de los bañistas que la pisen y diseñadas para producir la menor pérdida de agua posible.

Se aportará diariamente la cantidad de agua nueva necesaria para garantizar el nivel de llenado del vaso que permita un buen funcionamiento de los rebosaderos y garantice la calidad sanitaria del agua de baño. El aporte diario será tal que el cloro residual combinado en el vaso no supere en 0,6 mg/L el valor del cloro residual libre del agua de alimentación. Las piscinas que no utilicen derivados del cloro como desinfectante aportarán agua nueva cuando el valor de nitratos sea igual o superior a 10 mg/L respecto al agua de alimentación.

Cada vaso de una piscina de uso colectivo, dispondrá de sistemas independiente de depuración.

La capacidad de depuración de la instalación debe ser tal que permita, dependiendo del tipo de vaso, una recirculación del agua en los siguientes tiempos máximos:

– Vasos infantiles o de chapoteo: 1 hora.
– Vasos recreativos y polivalentes: 4 horas.
– Vasos de competición o de saltos: 8 horas.

Para conseguir este tiempo de recirculación la filtración deberá ser de 20 m³/hora por cada metro cuadrado de superficie filtrante. Excepcionalmente, el Director General de Salud Pública de la Consejería de Sanidad y Consumo, tras una solicitud motivada, podrá autorizar velocidades de filtración comprendidas entre 20 y 30 m³/(m²·h), cuando exista una imposibilidad física para instalar más filtros o de mayores dimensiones y ello sea avalado por el informe visado de un técnico competente. Asimismo se podrán

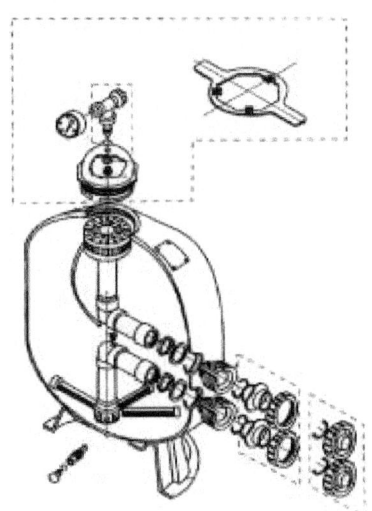

Sección filtro depuradora

autorizar filtraciones de hasta 30 m/h cuando el aforo fijado por el titular sea significativamente inferior al aforo máximo permitido. En todo caso, la naturaleza, el espesor y el estado de mantenimiento del lecho filtrante deben conseguir una filtración sanitariamente idónea.

Los datos relativos a los tiempos de recirculación del agua y a la velocidad de filtración se reflejarán en el Libro Oficial de Registro de Piscinas. Se instalará en cada vaso un caudalímetro o un contador de agua para medir el agua recirculada cada día y otro para medir diariamente el agua renovada. Los datos obtenidos se anotarán diariamente en el Libro Oficial de Registro de Piscinas al final de la jornada.

8.5. Bibliografía específica

Consejería de Sanidad y Consumo (2002). Decreto 54/2002, de 30 de abril, por el que se aprueba el Reglamento Sanitario de Piscinas de uso colectivo de la Comunidad Autónoma de Extremadura. Diario Oficial de Extremadura 52: 5749-67, del 7 de mayo 2002.

Consejería de Sanidad y Consumo (2004). Decreto 38/2004, de 5 de abril, por el que se modifica el Decreto 54/2002, de 30 de abril, por el que se aprueba el Reglamento Sanitario de Piscinas de uso colectivo de la Comunidad Autónoma de Extremadura. Diario Oficial de Extremadura 43: 4280-83, del 15 de abril 2004.

CAPÍTULO 9

REQUISITOS SANITARIOS Y DE SEGURIDAD EN PISCINAS DE USO COLECTIVO EN GALICIA

Autores

Joaquín Gámez de la Hoz
Ana Padilla Fortes

9.1. Calidad del agua
9.2. Sistema de tratamiento del agua
9.3. Seguridad química. Aplicación y utilización de productos químicos
9.4. Recirculación y depuración del agua
9.5. Bibliografía específica

9. Requisitos sanitarios y de seguridad en piscinas de uso colectivo en Galicia

Una **piscina** es toda instalación que suponga la existencia de uno o más vasos así como de los equipamientos necesarios para el baño colectivo o en la natación.

Se entiende por **vaso** el espacio estanco que acumula el total del volumen de agua utilizada en el baño colectivo o en la natación.

9.1. Calidad del agua

El agua de alimentación y de renovación de los vasos procederá de la red general de distribución del agua apta para el consumo.

En caso de que proceda de distinta origen, deberá pasar por el sistema de filtración-desinfección para conseguir las características definidas en el anexo del reglamento sanitario (ver resumen en anexo de este libro).

En el caso de que el agua de alimentación y renovación sea agua del mar cumplirá solamente los caracteres microbiológicos señalados en el anexo.

Las bocas de entrada y salida correspondientes al circuito hidráulico cerrado de los vasos estarán diseñados de forma que se consiga una homogenización completa y un régimen de circulación uniforme del agua. Dichas bocas contarán con los medios técnicos para evitar el retrosifonaje del agua.

El agua de las instalaciones generales, la recirculante de los pediluvios y la de las duchas nunca podrá pertenecer al circuito de regeneración propio del vaso.

9.2. Sistema de tratamiento del agua

El agua del vaso recirculada en circuito cerrado deberá ser filtrada y depurada mediante procedimientos autorizados que, además de desinfectarla le conceda poder desinfectante sin llegar a ser nunca irritante para los ojos, piel y mucosas de los bañistas. Dicha agua deberá cumplir los requisitos de calidad establecidos en el anexo del presente reglamento sanitario.

9.3. Seguridad química. Aplicación y utilización de productos químicos

En el agua del vaso existirá siempre un desinfectante de efecto residual en los límites establecidos en citado anexo.

Aunque se puede emplear un sistema de filtración común a varios vasos, la dosificación de desinfectante de acción residual deberá ser independiente para cada vaso. Asimismo, cada vaso dispondrá de sus propios dispositivos de alimentación y evacuación.

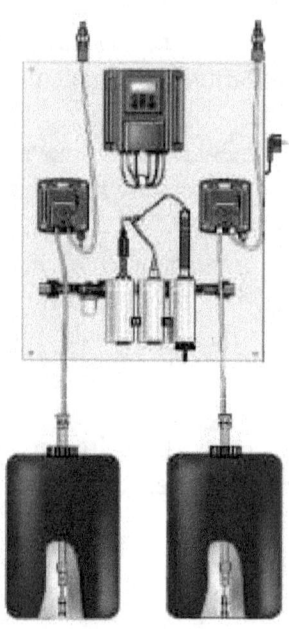

Equipos y depósitos dosificadores de químicos

Los productos para el tratamiento sistemático del agua no se añadirán nunca directamente a los vasos. Será necesario disponer de sistemas de dosificación que funcionen conjuntamente con el sistema de recirculación y que permitan, si es necesario, la disolución total de los productos utilizados para el tratamiento.

El tratamiento con desinfectante se hará de forma que garantice siempre una adición continuada y automática. Excepcionalmente, cuando sea necesario y justificado se permitirá la dosificación manual de otros productos distintos de los desinfectantes, tales como los de tratamiento de cobertura y correctores, siempre y cuando se realice fuera del horario al público.

Se añadirá agua nueva en cantidad suficiente para garantizar los parámetros de calidad de la misma, especificados en el anexo referido.

9.4.   Recirculación y depuración del agua

Los vasos de nueva construcción que tengan una superficie de lámina de agua superior a los doscientos cincuenta metros cuadrados dispondrán de rebosaderos perimetrales con unos bordes redondeados y antideslizantes.

Los vasos ya construidos, cualquiera que sea la superficie de lámina de agua, y los de nueva construcción que la tengan por debajo de la cantidad indicada en la línea anterior, dispondrán de rebosaderos perimetrales, o de rebosaderos discontinuos (skimmers).

En este caso habrá un skimmer por cada veinticinco metros cuadrados de lámina de agua. En los vasos de nueva construcción los skimmers se distribuirán proporcionalmente de forma que no queden zonas muertas.

Los sistemas indicados previamente se podrán sustituir por otros que garanticen la calidad del agua del vaso, previa conformidad expresa de la autoridad competente de la Consellería de Sanidad.

Durante el horario de funcionamiento del vaso el ciclo de filtración deberá ser establecido de tal forma que todo el volumen de agua recircule en los períodos que se indican a continuación:

-Vasos infantiles: cada hora.
-Vasos recreativos y vasos de competición: cada 4 horas.
-Vasos dedicados exclusivamente a saltos: cada 8 horas.

La velocidad de filtración será la que se indique en las características técnicas del filtro, no pudiendo sobrepasar esta.

En los vasos de nueva construcción, la velocidad de filtración en el caso de filtros de arena no será superior a 30 $m^3/(m^2 \cdot hora)$.

En cada vaso se instalará un contador de agua para controlar la cantidad de agua nueva al vaso y un contador para controlar la cantidad de agua reciclada.

Por lo menos una vez al año se deberá proceder al vaciado total del agua del vaso para poder realizar su limpieza y desinfección, a excepción de los vasos de funcionamiento continuo.

9.5.   Bibliografía específica

Consellería de Sanidad (2005). Decreto 103/2005, de 6 de mayo, por el que se establece la reglamentación técnico- sanitaria de piscinas de uso colectivo. Diario Oficial de Galicia 90: 7891-7902, de 11 de mayo del 2005.

CAPÍTULO 10

REQUISITOS SANITARIOS Y DE SEGURIDAD EN PISCINAS DE USO COLECTIVO EN LAS ISLAS BALEARES

Autores

Joaquín Gámez de la Hoz
Ana Padilla Fortes

10.1. Calidad del agua
10.2. Sistema de tratamiento del agua
10.3. Seguridad química. Aplicación y utilización de productos químicos
10.4. Recirculación y depuración del agua
10.5. Bibliografía específica

10. Requisitos sanitarios y de seguridad en piscinas de uso colectivo en las Islas Baleares

Una **piscina** es definida como el conjunto de instalaciones utilizadas por los bañistas, que comprenden la zona de baños y los servicios e instalaciones necesarios para garantizar el funcionamiento del conjunto.

Son **piscinas de uso colectivo** las que puedan ser utilizadas por el público en general, ya sea de forma gratuita o mediante precio u otro tipo o sistema de colaboración económica o como actividad complementaria de establecimientos o instalaciones cuya actividad principal sea otra, tales como restauración, recreo o similares.

10.1. Calidad del agua

La calidad del agua de los vasos deberá reunir como mínimo las condiciones fijadas en el reglamento sanitario (consultar resumen en el anexo de este libro).

Cuando el agua de llenado de las piscinas no sea de la red general de suministro, deberá provenir de un abastecimiento debidamente autorizado.

En la memoria, que deberá acompañar la solicitud de autorización, deberá hacerse constar siempre el origen del agua de llenado.

En su caso, se dispondrá de dispositivos antiretorno que impidan el paso del agua del vaso a la red de agua potable.

En las piscinas deberán existir los aparatos, reactivos y patrones necesarios para ensayos referidos a la cantidad de cloro residual libre, cloro combinado, transparencia y pH.

La determinación del cloro residual libre, pH y transparencia, se realizará como mínimo dos veces al día en cada uno de los vasos de todas las piscinas, anotando los resultados en un libro registro, según modelo editado por la Consejería de Sanidad y Seguridad Social de Baleares, el cual deberá ser diligenciado por esta, debiendo quedar siempre a disposición de las autoridades sanitarias. Las determinaciones diarias se deberán realizar al inicio de la jornada y en la hora de máxima concurrencia de usuarios. La determinación del cloro combinado se realizará una vez al día.

10.2. Sistema de tratamiento del agua

El agua deberá ser adecuadamente filtrada y desinfectada. Los medios técnicos de filtración de los que deberá disponer la instalación, garantizarán, en todo momento, la limpieza del agua en las condiciones previstas en el presente Reglamento. El agua de las piscinas, cuando se trata de agua dulce, deberá cumplir los parámetros establecidos en el anexo del reglamento sanitario.

10.3. Seguridad química. Aplicación y utilización de productos químicos

Los productos que pueden ser utilizados para el tratamiento del agua de los vasos de la piscina, serán los legalmente autorizados y/o homologados para estos usos por los organismos competentes.

El ozono irá siempre acompañado de la adición de un desinfectante compatible, con efecto residual. En todo caso, el agua de las piscinas deberá cumplir todos los parámetros exigidos en la reglamentación sanitaria.

Los productos químicos para el tratamiento sistemático del agua no se añadirán nunca directamente a los vasos. Será preciso disponer de un sistema de dosificación que funcione conjuntamente con el sistema de recirculación y que permita, si es

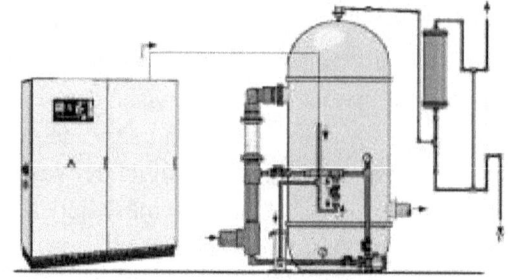

Esquema planta producción de ozono

necesario, la disolución total de los productos utilizados para el tratamiento.

Asimismo, se habrán de mantener las máximas precauciones en lo concerniente al almacenamiento y manipulación de los productos. En ningún caso serán accesibles a los usuarios.

Lo referido en relación con los productos químicos utilizados para el tratamiento del agua de la piscina, se entiende sin perjuicio del cumplimiento de las diferentes disposiciones sobre, criterios de calidad y caducidad, normas de envasado y etiquetado, comercialización y cualquier otra que les afecte.

Las salas de máquinas y/o de almacenamiento de productos químicos deben estar cerradas con llave en todo momento para evitar su acceso a los usuarios y como mínimo se observará en ellos la vigente normativa de Higiene y Seguridad en el Trabajo que les sea de aplicación. Los productos químicos,

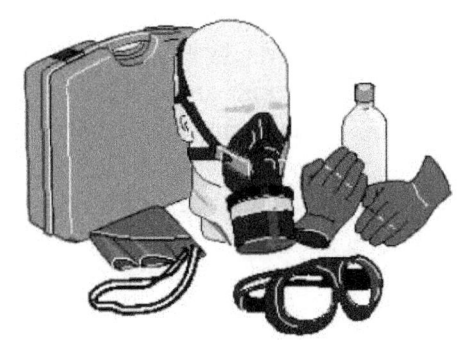

Equipos protección individual para químicos

en su caso, deberán estar en zona diferenciada y aislada de la maquinaria, debiendo estar depositadas en recipientes que imposibiliten que entren en contacto con el agua vertida en el suelo de la dependencia.

10.4. Recirculación y depuración del agua

El agua del vaso de la piscina durante su uso deberá ser renovada con la periodicidad precisa para conseguir que el agua presente la calidad establecida en el reglamento sanitario, bien por recirculación, previa depuración de la misma, o bien por entrada de agua nueva.

Se aportará cada 24 horas agua nueva, en cantidad suficiente que garantice el buen funcionamiento del rebosadero o skimmer.

La piscina deberá contar con instalaciones que garanticen que el agua del vaso se recircule con la periodicidad adecuada.

El caudal de agua recirculada por el rebosadero perimetral o skimmer será como mínimo del 50% del total del agua de recirculación.

Las velocidades de aspiración de agua medidas en la rejillas intapables y en la canalización de comunicación entre piscinas, no podrán superarlos 0,5 m/s.

10.5. Bibliografía específica

Consellería de Sanidad (1995). Decreto 53/1995, de 18 de mayo, por el que se aprueban las condiciones higiénico- sanitarios de las piscinas de los establecimientos de alojamientos turísticos y de las de uso colectivo, en general. Boletín Oficial de las Islas Baleares 80: 6583-7, de 24 de junio de 1995.

CAPÍTULO 11

REQUISITOS SANITARIOS Y DE SEGURIDAD EN PISCINAS DE USO COLECTIVO EN LAS ISLAS CANARIAS

Autores

Joaquín Gámez de la Hoz
Ana Padilla Fortes

11.1.   Calidad del agua
11.2.   Sistema de tratamiento del agua
11.3.   Seguridad química. Aplicación y utilización de productos químicos
11.4.   Recirculación y depuración del agua
11.5.   Bibliografía específica

11. Requisitos sanitarios y de seguridad en piscinas de uso colectivo en las Islas Canarias

Se considera **piscina** al vaso o conjunto de vasos artificiales destinados al baño colectivo, así como los servicios e instalaciones complementarios, necesarios para garantizar su funcionamiento.

Las **piscinas de uso colectivo** son las que no son de uso exclusivamente unifamiliar, independientemente de que se encuentren ubicadas en comunidades de propietarios, establecimientos turísticos, sociedades, clubes, instituciones deportivas, centros de enseñanza y las de las administraciones públicas, tanto de titularidad pública como privada, destinadas al baño colectivo, ya sea con fines recreativos, deportivos o de rehabilitación.

Se entiende por **vaso** la estructura o receptáculo que contiene el agua destinada al baño.

11.1. Calidad del agua

El agua de los vasos deberá cumplir los criterios de calidad establecidos en el reglamento sanitario de piscinas (consultar resumen en anexo de este libro) y contendrá desinfectante residual en todo momento.

Cuando el resultado de los análisis demuestre una alteración no aceptable de la calidad del agua de baño, se adoptarán las medidas correctoras oportunas y se repetirá el análisis para la comprobación de la corrección de los parámetros alterados.

Para el mantenimiento de los criterios de calidad del agua deberá procederse, cuando sea necesario, al vaciado total o parcial del vaso y, en todo caso, cuando lo ordene la autoridad sanitaria.

En caso de que el agua de alimentación del vaso no proceda de la red de distribución de agua de consumo humano se dispondrá de autorización otorgada por la Administración pública competente.

La entrada de agua de alimentación a los vasos deberá contar con dispositivos antirreflujo que impidan el retorno del agua.

Las piscinas de uso colectivo contarán con los aparatos, reactivos y patrones necesarios para efectuar los ensayos de los parámetros de control de calidad establecidos en el reglamento sanitario de piscinas.

11.2. Sistema de tratamiento del agua

El agua de alimentación será filtrada y desinfectada antes de su entrada al vaso, por procedimientos físicos y químicos que no supongan riesgo para la salud y seguridad del personal de mantenimiento y de los usuarios. Todas las fases del tratamiento estarán integradas en un único sistema que estará en funcionamiento durante el tiempo en que la piscina permanezca abierta al público.

Los equipos de filtración tendrán capacidad suficiente para asegurar el paso de toda la masa de agua del vaso en los tiempos establecidos, teniendo en cuenta que la velocidad máxima de filtración no debe superar los treinta y cinco metros cúbicos por hora por metro cuadrado.

Sistema de tratamiento por radiación ultravioleta

La sala de máquinas es el local en el que se ubican los equipos de tratamiento del agua. Sus dimensiones serán tales que, instalados los equipos de tratamiento, permitan el desarrollo de las tareas de mantenimiento.

Las especificaciones técnicas de los equipos estarán en la sala a disposición del personal de mantenimiento de la piscina y de la autoridad sanitaria.

La sala de máquinas deberá cumplir los siguientes requisitos:

a) Fácil acceso.

b) Buena ventilación.

c) Contar con los dispositivos necesarios para efectuar la limpieza.

11.3. Seguridad química. Aplicación y utilización de productos químicos

El tratamiento químico del agua del vaso se realizará exclusivamente con productos químicos que cumplan los requisitos establecidos en su normativa específica e inscritos en el listado de productos homologados por el órgano competente de la Administración General del Estado para el tratamiento de aguas de piscina.

La concentración en el agua del vaso de los productos químicos utilizados para el tratamiento cumplirá con los límites establecidos en el anexo del presente libro o, en su defecto, con los establecidos por el fabricante en cada caso.

Los tratamientos de desinfección y de regulación del pH estarán estrechamente relacionados y se realizarán mediante sistemas automáticos. Excepcionalmente, se permitirá la dosificación manual de productos como tratamiento de cobertura o corrector, garantizando el cumplimiento de los plazos de seguridad establecidos fuera del horario en el que la piscina permanezca abierta al público y en el caso de que sea imprescindible.

El establecimiento dispondrá de los elementos necesarios para efectuar la determinación rápida de los desinfectantes y correctores de pH en el agua del vaso.

El almacén de productos químicos es el local en el que se guardan los productos químicos utilizados para el tratamiento del agua y de las instalaciones. Deberá estar separado físicamente de cualquier otra zona.

En el almacén los productos deberán estar ordenados, envasados, tapados y etiquetados de manera que no entrañen riesgos para la seguridad y sin perjuicio del cumplimiento de las disposiciones aplicables a las sustancias y preparados peligrosos y biocidas.

El almacén deberá cumplir los mismos requisitos señalados para la sala de máquinas.

11.4. Recirculación y depuración del agua

Los vasos dispondrán de un rebosadero perimetral para la depuración uniforme de la totalidad de la lámina superficial de agua. La interrupción del rebosadero en uno o varios tramos no excederá en su conjunto del veinte por ciento del perímetro total del vaso, y su diseño contemplará una conexión hidráulica interna entre los distintos tramos.

La canaleta en la que se recoge el agua deberá ser accesible para facilitar su limpieza y mantenimiento y en el caso de que sea transitable irá cubierta por una rejilla de material no astillable, indeformable y antideslizante.

El agua en el vaso alcanzará en todo momento el nivel necesario para garantizar un óptimo funcionamiento del sistema de tratamiento del agua.

El tiempo de recirculación de todo el volumen de agua del vaso no será superior a una hora en los infantiles o de chapoteo y a cuatro horas en los restantes tipos de vasos.

Las redes hidráulicas, líneas de impulsión y de retorno y cualquier otro elemento que forme parte del sistema de tratamiento del agua se diseñarán para los tiempos de recirculación establecidos, evitándose velocidades de circulación del agua superiores a dos con cinco metros por segundo en las tuberías de aspiración y a tres metros por segundo en las de impulsión.

Detalle valvulería en tuberías

Asimismo el diseño garantizará la distribución equilibrada del agua en las tuberías y una mezcla homogénea del agua en el vaso.

El número y dimensiones de los dispositivos de toma de agua del vaso hacia la sala de máquinas deberá diseñarse para evitar un nivel peligroso de succión en relación con el régimen de caudal previsto.

En toda piscina se instalarán dos sistemas de registro del volumen de agua, uno a la entrada del agua de alimentación y otro después de la filtración y antes de la desinfección, que permitirán conocer, en todo momento, el volumen de agua de alimentación y el de agua recirculada.

11.5. Bibliografía específica

Consejería de Sanidad (2005). Decreto 212/2005, de 15 de noviembre, por el que se aprueba el Reglamento sanitario de piscinas de uso colectivo de la Comunidad Autónoma de Canarias. Boletín Oficial de Canarias 236: 22839-59, de 1 de diciembre de 2005.

Consejería de Sanidad (2010). Decreto 119/2010, de 2 de septiembre, que modifica parcialmente el Decreto 212/2005, de 15 de noviembre, por el que se aprueba el Reglamento sanitario de piscinas de uso colectivo de la Comunidad Autónoma de Canarias. Boletín Oficial de Canarias 182: 24278-87, de 15 de septiembre de 2010.

CAPÍTULO 12

REQUISITOS SANITARIOS Y DE SEGURIDAD EN PISCINAS DE USO COLECTIVO EN MADRID

Autores

Joaquín Gámez de la Hoz
Ana Padilla Fortes

12.1.　Calidad del agua

12.2.　Sistema de tratamiento del agua

12.3.　Seguridad química. Aplicación y utilización de productos químicos

12.4.　Recirculación y depuración del agua

12.5.　Bibliografía específica

12. Requisitos sanitarios y de seguridad en piscinas de uso colectivo en Madrid

Se entiende por **piscina** el conjunto de construcciones e instalaciones que comportan la existencia de uno o más vasos, destinados al baño colectivo, natación o prácticas deportivas, incluidos en el recinto del establecimiento.

Son **piscinas de uso colectivo** las que no están comprendidas en el apartado anterior independientemente de su titularidad.

Un **vaso** se define como el espacio que, construido de acuerdo con las especificaciones de la reglamentación sanitaria, tenga por objeto albergar agua en las condiciones determinadas reglamentariamente para el desarrollo de las actividades previamente referenciadas.

12.1. Calidad del agua

La calidad del agua de los vasos se refiere a unas condiciones y cualidades analíticas mínimas que la hagan adecuada para la inmersión de los usuarios, siendo responsabilidad del titular de la piscina el mantenimiento de todos los parámetros dentro de los límites establecidos en el anexo del reglamento sanitario (ver resumen en anexo de este libro), para lo cual realizará los controles necesarios.

La concentración en el agua del vaso de los productos utilizados en su desinfección no deberá exceder de los límites especificados en el anexo referido.

En toda piscina de uso colectivo habrá una persona técnicamente capacitada, responsable del correcto funcionamiento de las instalaciones y sus servicios a efectos de lo cual realizará los controles y comprobaciones necesarias.

En todas las piscinas dispondrán al menos de los aparatos y reactivos necesarios para realizar el control de los parámetros especificados reglamentariamente, siendo los adecuados según el tratamiento de desinfección al que se haya sometido el agua.

12.2.   Sistema de tratamiento del agua

El agua de los vasos deberá ser depurada diariamente de forma continua al menos durante el horario de apertura, por procedimientos físico-químicos de reconocida eficacia, utilizando al efecto una planta depuradora donde se realicen todas las fases del tratamiento.

Los sistemas de depuración, filtración y desinfección de cada vaso serán independientes.

Las instalaciones de tratamiento del agua han de tener unas dimensiones y características tales que de acuerdo a su correcto funcionamiento y cualquier vaso, disponga de un agua conforme a las características especificadas en la reglamentación sanitaria.

12.3.   Seguridad química. Aplicación y utilización de productos químicos

Para el tratamiento del agua podrá utilizarse cualquier producto de los autorizados por la autoridad sanitaria competente.

La utilización de productos químicos se adecuará a la legislación vigente sobre notificación de sustancias y clasificación, envasado y etiquetado de sustancias y preparados peligrosos, así como almacenamiento de los mismos.

La adición de desinfectante o cualquier otro aditivo autorizado, se realizará mediante dosificación automática o semiautomática, nunca manual, salvo emergencia, y en este caso, en ausencia de bañistas.

En caso de utilizarse ozono como desinfectante deberá ir siempre acompañado de la adición de un desinfectante compatible con efecto residual.

Las instalaciones eléctricas cumplirán el vigente Reglamento Electrotécnico de Baja Tensión, y las prescripciones especiales establecidas en las Instrucciones Técnicas Complementarias que regulan las instalaciones eléctricas para piscinas.

Las instalaciones de calefacción, climatización y de agua caliente sanitaria, tendrán que cumplir el vigente Reglamento y sus correspondientes Instrucciones Técnicas Complementarias que regulan los niveles de calidad, seguridad y defensa del medio ambiente en sus instalaciones.

El resto de instalaciones anexas como maquinaria, aparatos para desinfección y depuración de agua, almacén de material y productos químicos, cloro, gas, etc., cumplirán su correspondiente Reglamentación.

La instalación de tratamiento del agua y el almacén de productos químicos estarán en locales independientes, suficientemente ventilados y de fácil acceso para el personal de mantenimiento y servicios de inspección.

En cualquier caso, todos ellos estarán emplazados de tal forma y lugar que sea inaccesible a los usuarios de las piscinas.

12.4. Recirculación y depuración del agua

En las piscinas de nueva construcción, el sistema de paso del agua del vaso de la piscina a la depuradora se hará mediante rebosadero perimetral continuo en los vasos mayores de 200 metros cuadrados de lámina de agua. Para superficies menores o iguales a 200

Muestra de Skimmer con tapa circular

metros cuadrados de lámina de agua se podrán utilizar «skimmers» en número no inferior a una cada 25 metros cuadrados de lámina de agua, distribuidos adecuadamente en función del diseño del vaso. En el caso de que los circuitos de recirculación incorporen un sistema de aspiración por fondo, ésta se realizará al menos a través de 2 puntos.

En todas las piscinas los pasos de aspiración por fondo deberán estar debidamente protegidos mediante dispositivos de seguridad para prevenir accidentes.

El agua de los vasos deberá ser renovada con un aporte de agua nueva en una proporción que garantice la calidad exigida en el reglamento sanitario y siempre que las autoridades sanitarias lo estimen conveniente.

Los vasos deberán vaciarse totalmente, como mínimo una vez en la temporada y siempre que las circunstancias lo aconsejen.

La entrada del agua de renovación a los vasos se realizará de manera que se imposibilite el reflujo y se asegure un régimen de recirculación uniforme para todo el vaso.

A fin de conocer en todo momento el volumen de agua renovada y depurada de cada vaso, será obligatoria la instalación de dos contadores de agua, uno a la entrada del agua de alimentación del vaso de la piscina, y el otro después de la filtración y antes de la desinfección del agua recirculada.

El tiempo de recirculación de toda la masa de agua no deberá exceder los siguientes períodos de tiempo:

a) Vasos infantiles o de chapoteo: una hora.
b) Vasos de profundidad media, igual o inferior a 1,5 metros: dos horas.
c) Vasos con profundidad media superior a 1,5 metros: cuatro horas.
d) Vasos de salto: ocho horas.

Modelo de electrobomba

La velocidad de filtración será la que indiquen las características técnicas del filtro, no pudiendo sobrepasar la misma.

12.5. Bibliografía específica

Consejera de Sanidad y Servicios Sociales (1998). Decreto 80/1998, de 14 de mayo, por el que se regulan las condiciones higiénico-sanitarias de piscinas de uso colectivo. Boletín Oficial de la Comunidad de Madrid 124:4-ss, de 27 de mayo de 1998.

Acuerdo de 2 de julio de 1998, del Consejo de Gobierno, sobre corrección de errores del Decreto 80/1998, de 14 de mayo, por el que se regulan las condiciones higiénico-sanitarias de las piscinas de uso colectivo. Boletín Oficial de la Comunidad de Madrid 116: 4-ss, de 15 de julio de 1998.

CAPÍTULO 13

REQUISITOS SANITARIOS Y DE SEGURIDAD EN PISCINAS DE USO COLECTIVO EN MURCIA

Autores

Joaquín Gámez de la Hoz
Ana Padilla Fortes

13.1.   Calidad del agua
13.2.   Sistema de tratamiento del agua
13.3.   Seguridad química. Aplicación y utilización de productos químicos
13.4.   Recirculación y depuración del agua
13.5.   Bibliografía específica

13. Requisitos sanitarios y de seguridad en piscinas de uso colectivo en Murcia

Se considera **piscina** al conjunto de instalaciones y construcciones utilizadas por los bañistas, que comprenden la zona de baño y los servicios o instalaciones necesarios para garantizar el funcionamiento del conjunto.

13.1. Calidad del agua

El agua de abastecimiento de los vasos tendrá que proceder preferentemente de la red de distribución de agua potable. En el caso de que el agua tuviera otra procedencia, su utilización requerirá, necesariamente, la autorización de la Dirección General de Salud, en la que se fijarán necesariamente las actuaciones a seguir.

El agua de los vasos debe reunir las características exigidas en el anexo de la reglamentación sanitaria (ver resumen en anexo de este libro), para lo cual deberá ser depurada mediante procedimientos físico-químicos autorizados, no llegando nunca a ser irritante para la piel, ojos y mucosas de los usuarios.

Los parámetros y sus valores límites, que se encuentran recogidos en el anexo referido, podrán ser modificados en circunstancias y casos especiales por la Consejería de Sanidad.

El agua de las instalaciones generales tales como pediluvios, duchas y otros deberá proceder preferentemente de la red general de distribución de agua potable, y nunca podrá pertenecer al circuito de regeneración propio de la piscina, realizándose su eliminación a través del alcantarillado, juntamente con la de drenaje. En el caso de que no procediera de la red general de distribución de agua potable, se requerirá la autorización correspondiente.

13.2. Sistema de tratamiento del agua

El sistema de depuración del agua deberá encontrase en funcionamiento continuo durante todo el tiempo en que la piscina permanezca abierta a los usuarios, y siempre que sea necesario, para asegurar la calidad del agua de los vasos que se exige en el citado anexo.

Cualquier modificación en el tratamiento del agua deberá ser comunicada a la Dirección General de Salud.

Los sistemas de depuración y de dosificación de desinfectantes y otros productos deberán ser independientes para cada vaso. Por otra parte, cada vaso dispondrá de sus propios dispositivos de alimentación y evacuación.

13.3. Seguridad química. Aplicación y utilización de productos químicos

Existirán sistemas automáticos para la dosificación de desinfectantes en todos los vasos de la instalación. Sólo de manera excepcional, y siempre que se realice fuera del horario al público, se permitirá la dosificación manual, en caso de que sea necesario y justificado.

Los productos que pueden ser utilizados para el tratamiento del agua de los vasos de la piscina serán los legalmente autorizados.

Los productos químicos utilizados para el tratamiento del agua de la piscina, se entiende sin perjuicio del cumplimiento de las diferentes disposiciones sobre la desinfección, criterios de calidad, normas de envasado y etiquetado,

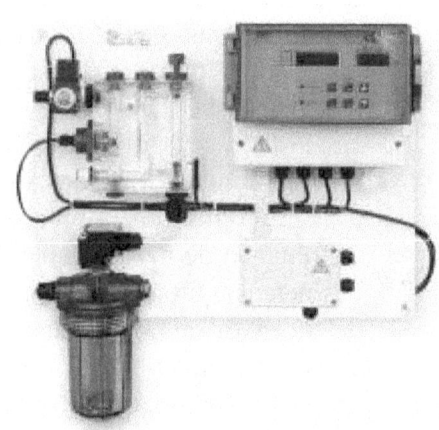

Modelo dosificador amperométrico

comercialización y cualquier otra que les afecte. Será necesario mantener las máximas precauciones en lo concerniente al almacenaje y manipulación de los productos, que en ningún caso serán accesibles a los usuarios de las instalaciones.

En aquellos casos en los que se utilice gas cloro, dada su toxicidad, los contenedores de gas deberán instalarse en un cuarto subterráneo, por debajo de la cota cero, y en un recipiente en el que la válvula de la botella esté sumergida en agua o sometida a la acción de una ducha continua, debiendo, asimismo, disponer de un sistema de extracción que prevenga accidentes en posibles casos de fuga de gas.

13.4. Recirculación y depuración del agua

En todo caso, se dispondrá de sistemas automáticos de renovación y regeneración completa del agua.

Las bocas de entrada y salida de agua a los vasos estarán dispuestas de forma que se consiga una homogeneización completa y un régimen de circulación uniforme del agua contenida en aquellos.

La entrada de agua de alimentación y renovación de los vasos se realizará a una altura suficiente con respecto al nivel máximo del vaso y dispondrá de dispositivos antiretorno, de manera que se impida el reflujo y retrosifonaje del agua del vaso a la red de agua potable.

El tiempo de recirculación de toda la masa de agua no deberá exceder de los siguientes períodos de tiempo:

- Piscina infantil o de "chapoteo": una hora. Caudal mínimo reciclado (m³/h) = Volumen piscina (m^3)

- Vasos de profundidad inferior a 1,50 metros: dos horas. Caudal mínimo reciclado (m³/h) = Volumen de la piscina (m^3)/2

- Vasos dedicados a usos deportivos o de competición: ocho horas. Caudal mínimo reciclado (m/h) = Volumen piscina (ml)/8

- Todos los demás vasos o de profundidad superior a 1,50 metros: cuatro horas. Caudal mínimo reciclado (m³/h) = Volumen piscina (m^3)/4.

Para los vasos que presenten una zona de profundidad superior a 1,50 metros y otra inferior, se calcularán los caudales correspondientes a cada una de las partes, sumándolos; para ello se dividirá el vaso en dos vasos ficticios por un plano vertical en el lugar en que la profundidad es de 1,50 metros

Caudal mínimo reciclado (m^3/h) = [Volumen vasos con profundidad superior a 1,50 metros(m) / 4]+ [Volumen de vasos con profundidad inferior a 1,50 metros (m) / 2].

El aporte de agua nueva será realizado una vez al día como mínimo, y además siempre que sea necesaria, en una cantidad de al menos un 2´5% de su capacidad, de manera que garantice alcanzar el supuesto de los parámetros exigidos en el anexo de la reglamentación sanitaria y asegure el buen funcionamiento del rebosadero de superficie; cada cuarenta días, la suma de las aportaciones diarias de agua nueva no podrá ser inferior al volumen de agua del vaso.

El volumen mínimo de aportación diaria de agua nueva podrá ser modificado en circunstancias especiales por la Dirección General de Salud.

A fin de conocer en todo momento el volumen de agua renovada y depurada, se instalarán como mínimo dos contadores de paso de agua; uno a la entrada de alimentación del vaso y otro después del tratamiento de depuración. Estos contadores de paso deberán registrarla cantidad de agua renovada y depurada diariamente en cada vaso.

Se deberá proceder al vaciado total de los vasos de la piscina para poder realizar su limpieza y desinfección, al menos dos veces al año, para las piscinas cubiertas y una vez al año para las piscinas al aire libre. La frecuencia de vaciado podrá ser modificada, en circunstancias especiales, por la Dirección General de Salud.

13.5.   Bibliografía específica

Consejería de Sanidad (1992) Decreto 58/1992, de 28 de mayo, por el que se aprueba el reglamento sobre condiciones higiénico-sanitarias de las piscinas de uso público. Boletín Oficial de la Región de Murcia 131: 3943-49, de 6 de junio.

CAPÍTULO 14

REQUISITOS SANITARIOS Y DE SEGURIDAD EN PISCINAS DE USO COLECTIVO EN NAVARRA

Autores

Joaquín Gámez de la Hoz
Ana Padilla Fortes

14.1.   Calidad del agua
14.2.   Sistema de tratamiento del agua
14.3.   Seguridad química. Aplicación y utilización de productos químicos
14.4.   Recirculación y depuración del agua
14.5.   Bibliografía específica

14. Requisitos sanitarios y de seguridad en piscinas de uso colectivo en Navarra

Una **piscina** es definida como el conjunto de construcciones e instalaciones utilizadas por los bañistas e incluidas en el recinto del establecimiento.

Son **piscinas de uso colectivo** las que con independencia de su titularidad, no son de uso unifamiliar y las de comunidades de vecinos de mas de veinte viviendas o unidades unifamiliares. En todo caso se consideran piscinas de uso colectivo las de los establecimientos hoteleros y cualesquiera otros que prestan servicios de alojamiento público.

14.1. Calidad del agua

El agua de llenado de los vasos debe proceder, preferentemente, de una red de abastecimiento de agua de consumo público. Se podrán utilizar aguas de otros orígenes previa autorización por el Departamento de Salud, para lo cual deberá aportarse un análisis del agua a utilizar que contenga los parámetros recogidos en el anexo de la reglamentación sanitaria (ver resumen en anexo de este libro).

El agua de los vasos debe ser como mínimo filtrada, desinfectada y con poder desinfectante, no debe ser irritante para los ojos, piel y mucosas, estará libre de microorganismos patógenos y en cualquier caso cumplirá los requisitos de calidad establecidos en el citado anexo.

14.2. Sistema de tratamiento del agua

El agua recirculada deberá ser sometida a tratamiento mediante procedimiento físico y/o químico incluyendo siempre un sistema de filtración y desinfección. Todas las instalaciones de desinfección y filtración de los diferentes vasos serán totalmente independientes.

En todo caso el agua antes de su introducción en el vaso deberá someterse al correspondiente proceso de depuración-desinfección.

14.3. Seguridad química. Aplicación y utilización de productos químicos

Los productos utilizados en el tratamiento del agua de los vasos serán los autorizados reglamentariamente y estarán debidamente etiquetados de acuerdo a la normativa vigente. Su almacenamiento y utilización se hará conforme a sus normas técnicas específicas.

La adición del desinfectante, y otros productos utilizados para el tratamiento sistemático del agua, no se realizará directamente a los vasos debiendo utilizarse sistemas de dosificación automática que proporcionen una disolución homogénea de los productos empleados.

Los vasos permanecerán cerrados durante las operaciones de limpieza y mantenimiento de los mismos. Si excepcionalmente y por causas justificadas fuese precisa la adición manual de algún producto en los vasos, se realizará fuera del horario al publico o procediendo previamente al cierre de los mismos.

Las instalaciones de filtración y desinfección del agua, las calderas, los generadores eléctricos y maquinaria en general para el mantenimiento de las instalaciones, así como los almacenes para materiales, dispondrán de ventilación adecuada, serán de fácil acceso y estarán situados en lugares independientes.

14.4. Recirculación y depuración del agua

El agua de los vasos debe ser renovada diariamente con un aporte de agua nueva que garantice el cumplimiento de los límites exigidos para los parámetros de calidad establecidos en el anexo referido y los niveles necesarios para la utilización correcta del sistema de rebose superficial.

Los vasos deberán disponer de un sistema adecuado de rebose superficial continuo, conectado hidráulicamente a un depósito u otro sistema regulador, con capacidad adecuada al volumen del agua del vaso y con sistema de vaciado. En el caso de que haya depósito regulador, éste será accesible para facilitar su limpieza y estará dotado de los elementos necesarios para su ventilación. En las zonas de atracciones acuáticas y donde se ubiquen los paneles frontales de llegada, se podrá permitir su discontinuidad. En ningún caso el perímetro libre de rebosadero superará el 35% del perímetro total del vaso.

El número y distribución de las entradas y salidas del agua a los vasos se diseñarán de forma que se consiga una correcta homogeneización del agua en los mismos.

Si se realizase toma de agua al sistema de tratamiento a través del desagüe de fondo, ésta no excederá del 30% del volumen total del agua a recircular y garantizará en todo momento la seguridad de los bañistas.

En todos los vasos se garantizarán tiempos de recirculación de toda el agua del vaso que no excedan de 4 horas en los descubiertos, 3 horas en los cubiertos y mixtos y 1 hora en los de chapoteo. La velocidad máxima de filtración será la necesaria para garantizar un eficaz proceso en función de las características del filtro.

El sistema de depuración funcionará durante el tiempo que el vaso esté siendo utilizado por los bañistas, y, en todo caso, el tiempo suficiente para no sobrepasar en ningún momento los valores límites exigidos en el citado anexo para la calidad del agua del vaso.

Deberán existir contadores que permitan conocer en todo momento el volumen de agua renovada y depurada para cada uno de los vasos, los contadores serán de tipo volumétrico o sistema similar, no pudiendo ser de tipo horario. Los filtros dispondrán de sistemas de medida de presión a la entrada y a la salida del agua de los mismos.

14.5.   Bibliografía específica

Departamento de salud (2003). Decreto Foral 123/2003, de 19 de mayo, por el que se establecen las condiciones técnico-sanitarias de las piscinas de uso colectivo. Boletín Oficial de Navarra 83:1-13, de 2 de julio de 2003.

Departamento de Salud (2006). Decreto Foral 20/2006, de 2 de mayo, por el que se modifica el Decreto Foral 123/2003, de 19 de mayo, por el que se establecen las condiciones técnico-sanitarias de las piscinas de uso colectivo. Boletín Oficial de Navarra 60: 5468-70, de 19 de mayo de 2006.

CAPÍTULO 15

REQUISITOS SANITARIOS Y DE SEGURIDAD EN PISCINAS DE USO COLECTIVO EN EL PAÍS VALENCIANO

Autores

Joaquín Gámez de la Hoz
Ana Padilla Fortes

15.1. Calidad del agua
15.2. Sistema de tratamiento del agua
15.3. Seguridad química. Aplicación y utilización de productos químicos
15.4. Recirculación y depuración del agua
15.5. Bibliografía específica

15. Requisitos sanitarios y de seguridad en piscinas de uso colectivo en el País Valenciano

Se entenderá por **piscina** la zona constituida por el vaso o vasos existentes en la misma y la superficie o playas que las circundan, destinada al baño o a la natación, así como las instalaciones y servicios necesarios para garantizar su perfecto funcionamiento y desarrollo de la actividad recreativa.

Son **piscinas de uso colectivo** las de comunidades de vecinos con un aforo mayor a 100 personas, excluidas las piscinas unifamiliares, las piscinas destinadas a usos exclusivamente médicos, de competición o enseñanza, los baños termales y los centros de tratamiento de hidroterapia, que se someterán a su legislación específica.

15.1. Calidad del agua

El agua del vaso deberá cumplir con los requisitos de calidad establecidos en el anexo de la reglamentación técnica (ver resumen en anexo de este libro).

La calidad del agua de los vasos se refiere a unas condiciones y cualidades analíticas mínimas que la hagan adecuada para la inmersión de los usuarios.

El agua de llenado de los vasos deberá proceder preferentemente de la red general para consumo público, o bien directamente de sus fuentes de captación.

En el caso de proceder de cualquier otro origen, se deberá obtener, para su utilización como agua de baño, la autorización pertinente, que se solicitará con periodicidad anual a los servicios territoriales de la Conselleria de Medio Ambiente.

El agua de los vasos deberá ser filtrada y desinfectada; no será irritante para la piel, ojos o mucosas y deberá cumplir en todo momento los parámetros especificados en el citado anexo.

Los elementos o dispositivos últimos de los sistemas de agua (grifos, duchas, etc.) deberán ser tratados al menos una vez al año, mediante operaciones de limpieza, desincrustación y desinfección con productos adecuados.

La entrada de agua de la red general de consumo público a los vasos, se realizará de manera que se imposibilite el reflujo y retrosifonaje del agua del vaso a la red de agua de consumo público.

15.2.   Sistema de tratamiento del agua

El proceso de depuración y tratamiento del agua se ajustará a lo dispuesto en su normativa específica.

El agua recirculada será sometida a un adecuado tratamiento físico-químico, utilizando al efecto un sistema de depuración que deberá encontrarse en funcionamiento continuo durante el tiempo suficiente para mantener las condiciones de idoneidad del agua exigidas por esta legislación, y en cualquier caso, durante el tiempo en que la actividad permanezca abierta a los usuarios.

15.3.   Seguridad química. Aplicación y utilización de productos químicos

Para el tratamiento del agua podrá utilizarse cualquier producto de los previamente homologados por la autoridad competente.

La manipulación y almacenamiento de los productos químicos se hará en lugares no accesibles a los bañistas, suficientemente ventilados y de fácil acceso para el personal de mantenimiento y servicios de inspección, y manteniendo siempre las debidas precauciones.

Queda prohibida cualquier aplicación directa de productos químicos al agua contenida en el vaso. La adición de desinfectantes y cualquier otro aditivo químico se realizará mediante sistemas de dosificación automáticos que deberán funcionar junto con el de recirculación, permitiendo la disolución total de los productos utilizados en el tratamiento.

Excepcionalmente, cuando sea necesario y justificado, se permitirá la dosificación manual de otros productos distintos a los desinfectantes, tales como los de tratamiento de cobertura y correctores, siempre y cuando se realice fuera del horario al público.

Las instalaciones técnicas de la piscina referidas a electricidad, abastecimiento de agua de consumo público, gas, instalaciones de calefacción, climatización o agua caliente sanitaria, así como los equipos de producción de calor, acumuladores, bombeo y compresión, estarán sujetas en cuanto a su instalación, pruebas, conservación y trámites administrativos a lo que establecen los correspondientes reglamentos específicos. En cualquier caso, los equipos citados y los elementos de regulación y control de estas instalaciones, se emplazarán en un área inaccesible a los usuarios de la piscina.

15.4.   Recirculación y depuración del agua

En los vasos de nueva construcción cuya superficie de lámina de agua sea superior a 200 metros cuadrados, el paso del agua del vaso a la depuradora se hará, en todos los casos, mediante rebosadero o dispositivo perimetral continuo y dispondrán de un deposito regulador o de compensación. Si la superficie de lámina de agua es menor o igual a 200 metros cuadrados se permite el uso de skimmers, a razón de 1 cada 25 metros cuadrados de superficie de lámina de agua.

Durante el tiempo de funcionamiento, el agua de los vasos deberá renovarse de forma continuada, bien por recirculación, previa depuración, o por nueva entrada de agua.

Para asegurar una correcta recirculación del agua, los elementos de evacuación del agua al sistema depurativo y las boquillas de retorno de agua tratada deben estar dispuestos de forma que se consiga una homogeneización completa y un régimen de circulación uniforme, con el fin de evitar que el agua se estanque en su circulación natural.

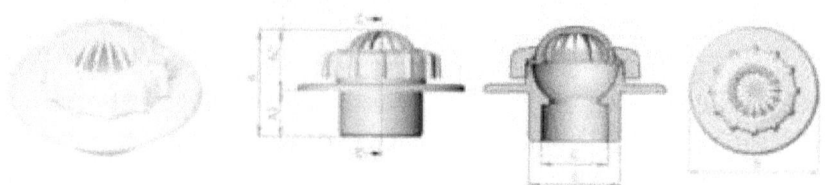

Sección boquillas impulsión

El aporte de agua nueva a los vasos será el mínimo suficiente para garantizar el mantenimiento de la calidad del agua y para que se mantenga el nivel de agua necesario para el correcto funcionamiento del sistema de recirculación.

La Conselleria de Medio Ambiente es competente para limitar la renovación y el llenado de los vasos, cuando se den condiciones de escasez del recurso hídrico. Así como para establecer la periodicidad de vaciado en caso necesario.

En las piscinas de uso colectivo, el ciclo de depuración de todo el volumen de agua del vaso no será superior a dos horas en las de chapoteo. En el resto de los vasos, el ciclo de depuración no será superior a ocho horas en las descubiertas y cinco horas en las cubiertas.

El resto de vasos dispondrán de un periodo máximo de ocho horas.

No obstante lo anterior sobre los tiempos de recirculación, la autoridad competente podrá requerir que los ciclos tengan un tiempo inferior a los anteriores cuando se compruebe que con los ciclos actuales no se mantiene la correcta calidad del agua, de acuerdo con lo indicado en el anexo referenciado sobre calidad del agua.

Se instalarán los oportunos sistemas que permitan conocer el volumen de agua depurada y renovada.

Como justificante del cumplimiento de los tiempos de recirculación, en las salas de máquinas, junto a los mecanismos de depuración deberá figurar debidamente protegido de la humedad y demás elementos que puedan deteriorarlo, documento firmado por técnico competente en el que se refleje con detalle las características del vaso y de los elementos de depuración.

En los parques acuáticos la capacidad del equipo depurador permitirá que el tiempo de recirculación de todo el volumen de agua del vaso no sea superior a dos horas en las de chapoteo o infantiles y en vasos de profundidad igual o inferior a 1,5 metros.

El agua de las atracciones recreativas acuáticas deberá ser depurada diariamente, excepto aquellas actividades en que no esté permitido el baÑo, como el río navegable o el río turbulento. No obstante, en estas actividades el nivel diario de renovación con aporte de agua nueva deberá ser el adecuado que impida un deterioro de la calidad del agua.

15.5.   Bibliografía específica

Consellería de Gobernación (2010). Decreto 52/2010, de 26 de marzo, del Consell, por el que se aprueba el Reglamento de desarrollo de la Ley 4/2003, de 26 de febrero, de la Generalitat, de Espectáculos Públicos, Actividades Recreativas y Establecimientos Públicos. Diari Oficial de la Comunitat Valenciana 6263:12367-12455, del 30 de marzo del 2010.

Consellería de la Administración Pública y Consellería de Medio Ambiente (1994). Decreto 255/1994, de 7 de diciembre, del Gobierno Valenciano, por el que se regulan las normas higiénico-sanitarias y de seguridad de las piscinas de uso colectivo y de los parques acuáticos. DOGV 2414: 15161-15179, de 27 de diciembre.

CAPÍTULO 16

REQUISITOS SANITARIOS Y DE SEGURIDAD EN PISCINAS DE USO COLECTIVO EN EL PAÍS VASCO

Autores

Joaquín Gámez de la Hoz
Ana Padilla Fortes

16.1.   Calidad del agua
16.2.   Sistema de tratamiento del agua
16.3.   Seguridad química. Aplicación y utilización de productos químicos
16.4.   Recirculación y depuración del agua
16.5.   Bibliografía específica

16. Requisitos sanitarios y de seguridad en piscinas de uso colectivo en el País Vasco

Se define **piscina** como el conjunto de instalaciones destinadas al baño colectivo bien sea con fines deportivos, recreativos, termales o terapéuticos, de descanso o relajación y de rehabilitación, así como las instalaciones anexas y los servicios complementarios necesarios para garantizar su adecuado funcionamiento.

Un **vaso** es el elemento constructivo que tiene por objeto albergar agua con fines recreativos, deportivos, terapéuticos y de descanso.

16.1. Calidad del agua

El agua de alimentación de los vasos procederá de la red general de distribución de agua potable. La utilización de agua de distinto origen precisará el informe favorable de la autoridad sanitaria.

En todo caso el agua de alimentación deberá tener características compatibles con los límites establecidos para el agua del vaso en el anexo del reglamento sanitario (ver resumen en anexo de este libro).

Los parámetros y sus valores límite podrán ser modificados en circunstancias y casos especiales por la autoridad sanitaria.

El agua de las instalaciones anexas y servicios complementarios, así como el agua circulante de los pediluvios y duchas deberá proceder de la red general de distribución de agua potable. La utilización de agua de distinto origen precisará el informe favorable de la autoridad sanitaria. Nunca podrá pertenecer al circuito de depuración propio del vaso. Su eliminación se realizará a la red de saneamiento.

Para conseguir las características del agua del vaso exigidas en el citado anexo el agua recirculada en circuito cerrado deberá ser depurada (filtrada y desinfectada) mediante procedimientos físico-químicos que estarán debidamente autorizados por la autoridad sanitaria. Además de desinfectarla, estos procedimientos garantizarán que el agua del vaso mantenga una capacidad desinfectante residual, sin llegar a ser irritante para los ojos, piel y mucosas de los usuarios.

16.2.   Sistema de tratamiento del agua

El sistema de tratamiento (filtración y desinfección) deberá estar en funcionamiento continuo, como mínimo, durante todo el tiempo en que la piscina se encuentre abierta al público y siempre que sea necesario para asegurar la calidad del agua de los vasos exigida en el anexo referido.

16.3.   Seguridad química. Aplicación y utilización de productos químicos

Se instalará un sistema de regulación automático que medirá en continuo la cantidad de desinfectante y corrector de pH presente en el agua, en el punto más representativo de la calidad del agua del vaso, facilitando la información al dispositivo regulador de dosificación.

La adición de desinfectantes, corrector del pH y otros productos, se realizará mediante dosificación automática e independiente para cada vaso. La adición de desinfectante se realizará después de la filtración.

Excepcionalmente, cuando esté debidamente justificado, y siempre que se realice fuera del horario de apertura al público, se permitirá la adición manual de productos tan solo como tratamientos de cobertura y correctores.

Los productos utilizados para el tratamiento del agua de baño de los vasos deberán estar autorizados y registrados para uso en piscinas.

Todas las instalaciones y servicios de la piscina deberán cumplir los requisitos sanitarios y de seguridad en lo relativo a construcción, disposición de sus elementos e idoneidad de materiales, así como las demás condiciones exigibles en relación con las normativas específicas aplicables.

Las instalaciones anexas estarán emplazadas en lugares independientes, fuera del acceso del público, serán de fácil acceso al personal de mantenimiento de la instalación y acordes con lo que determine su reglamentación específica y normas técnicas complementarias.

Los locales deberán disponer de buena ventilación, natural o forzada.

16.4. Recirculación y depuración del agua

En todos los vasos o piletas de nueva construcción, independientemente de su superficie, y en los vasos ya instalados, con una superficie de lámina de agua superior a 300 metros cuadrados, será obligatorio disponer de un sistema de recogida de superficie continuo y con flujo conveniente que permita la adecuada recirculación y renovación de la totalidad de la lámina superficial de agua. El volumen de agua recirculada de esta manera, será como mínimo del 50% de los caudales de recirculación definidos.

El nivel de agua coincidirá en todo momento con el borde del rebosadero o dispositivo perimetral continuo de superficie para el correcto funcionamiento del mismo. Los labios o bordes del rebosadero serán redondeados y antideslizantes. Los elementos que componen el rebosadero serán desmontables, de fácil limpieza y desinfección.

En los vasos instalados antes de la entrada en vigor de la vigente reglamentación sanitaria, con una superficie de lámina de agua inferior o igual a 300 metros cuadrados, se podrá utilizar como mínimo un rebosadero discontinuo («skimmer») o espumadera por cada 25 metros cuadrados de lámina de agua.

Todo el volumen del agua del vaso se recirculará pasando por la instalación de tratamiento.

El tiempo empleado para ello no sobrepasará los siguientes límites:

– 30 minutos para los vasos de relajación (bañeras de hidromasaje, «spas», «jacuzzis» y otros similares).

– 1 hora para los vasos de chapoteo.

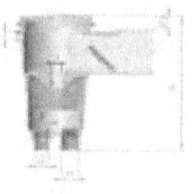

Sección de Skimmer

– 2 horas para los vasos de profundidad inferior a 1,40 metros.

– 4 horas para todos los demás vasos o partes de vasos que tengan una profundidad superior a 1,40 metros.

– 8 horas para los vasos dedicados exclusivamente a usos deportivos o de competición.

En cada vaso se instalarán, como mínimo, dos contadores de agua o caudalímetros de fácil acceso para su lectura. Uno estará situado a la entrada de la alimentación al vaso de compensación y otro después de la filtración, con el fin de registrar diariamente en cada vaso la cantidad de agua renovada y depurada, respectivamente. El circuito de recirculación del agua contará con dispositivos para conocer el tiempo que el sistema de depuración se encuentra en funcionamiento.

La renovación con agua nueva de la red durante el período de funcionamiento del vaso supondrá una aportación mínima diaria de un 5% del volumen total del agua contenida en el vaso, este valor podrá ser modificado por la autoridad sanitaria en función de la calidad del agua del vaso.

Las boquillas de entrada de agua y las de salida de recirculación en los vasos, estarán diseñadas y ubicadas de forma que se consiga una homogeneización completa y un régimen de circulación uniforme del agua contenida en aquellos.

En las instalaciones de nueva construcción cada vaso estará dotado de un vaso de compensación, el cual estará correctamente dimensionado y será de fácil acceso. Los materiales del mismo han de ser de fácil limpieza y desinfección y de suficiente resistencia y estabilidad frente a los productos que se deban utilizar para el tratamiento del agua. Para facilitar su vaciado y limpieza, el fondo tendrá una inclinación hacia un desagüe que conducirá a la red de saneamiento.

La entrada del agua de renovación de los vasos se realizará al vaso de compensación. En aquellas instalaciones ya construidas y que carecen de vaso de compensación, el aporte de agua de renovación se realizará en un punto situado antes de la filtración. En el punto de entrada de agua se instalarán válvulas antirretorno que impidan el reflujo y retrosifonaje de la misma a la red de distribución.

En piscinas de nueva construcción en caso de existir varios vasos, éstos tendrán circuitos independientes con sus propios sistemas de filtración. De la misma manera cada vaso dispondrá de sus propios dispositivos de alimentación y evacuación.

Las instalaciones cubiertas dispondrán al menos de una bomba de reserva, de tal manera que el funcionamiento del sistema de depuración quede garantizado en todo momento.

16.5. Bibliografía específica

Departamento de Sanidad (2003). Decreto 32/2003, de 18 de febrero, por el que se aprueba el reglamento sanitario de piscinas de uso colectivo. Boletín Oficial del País Vasco 88: 7860-93, de 8 de mayo de 2003.

Departamento de Sanidad (2004) Decreto 208/2004, de 2 de noviembre, por el que se modifica el Reglamento Sanitario de piscinas de uso colectivo. Boletín Oficial del País Vasco 226: 21427-31, de 25 de noviembre de 2004.

CAPÍTULO 17

REQUISITOS SANITARIOS Y DE SEGURIDAD EN PISCINAS DE USO COLECTIVO EN LA RIOJA

Autores

Joaquín Gámez de la Hoz
Ana Padilla Fortes

17.1.   Calidad del agua
17.2.   Sistema de tratamiento del agua
17.3.   Seguridad química. Aplicación y utilización de productos químicos
17.4.   Recirculación y depuración del agua
17.5.   Bibliografía específica

17. Requisitos sanitarios y de seguridad en piscinas de uso colectivo en La Rioja

Se define **piscina** como el conjunto de instalaciones destinadas al baño, así como las instalaciones anexas y los equipamientos y servicios necesarios para garantizar su perfecto funcionamiento.

Son **piscinas de uso público** las de titularidad pública o privada que puedan ser utilizadas por el público en general, mediante precio u otro tipo o sistema de colaboración económica.

Se considera el **vaso** al elemento construido de acuerdo con los preceptos reglamentarios que tenga por objeto albergar agua para el baño.

17.1. Calidad del agua

El agua de los vasos deberá ser como mínimo filtrada y desinfectada y con poder desinfectante, no deberá ser irritante para los ojos, piel y mucosas, estará libre de microorganismos patógenos y en cualquier caso cumplirá con los requisitos de calidad establecidos en el anexo del reglamento sanitario (ver resumen en anexo de este libro).

Cuando el agua no sea de la red municipal será preceptivo un informe sanitario favorable previo de la autoridad sanitaria, para lo cual el titular presentará un análisis fisicoquímico y microbiológico reciente del agua de aporte, realizado en un laboratorio acreditado o certificado para la realización de análisis de agua de consumo.

Cuando el resultado del análisis del agua de baño muestre alguna alteración no aceptable de su calidad, se repetirá la muestra en un plazo no superior a 24 horas y se tomarán de inmediato las medidas correctoras oportunas, debiendo comunicar el resultado a la autoridad sanitaria.

La frecuencia y el número de parámetros podrá modificarse teniendo en cuenta los datos históricos de calidad y mantenimiento de la instalación cuando la autoridad sanitaria así lo considere.

Los últimos controles sobre la calidad del agua se expondrán en lugar visible y fácilmente accesible a los usuarios, haciendo referencia a los valores máximos del anexo referido. Asimismo, a la entrada de los servicios figurará la fecha y hora de la última limpieza realizada con la firma identificativa del responsable.

17.2.   Sistema de tratamiento del agua

Para conseguir las características del agua señaladas en el citado anexo, el agua se deberá someter a procesos fisicoquímicos de reconocida eficacia utilizando al efecto una planta depuradora adecuada.

Los filtros reunirán las características necesarias para cumplir con las exigencias de calidad del agua establecidas, cumplirán con las funciones de filtrado, lavado y enjuague y deberán ser mantenidos según las especificaciones del fabricante.

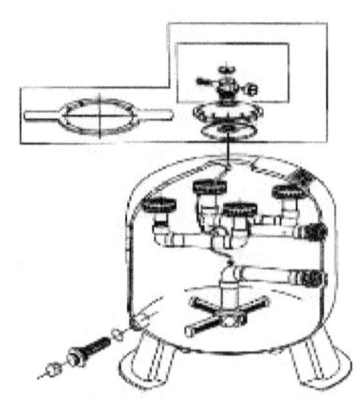

Sección de filtro depuración

17.3.   Seguridad química. Aplicación y utilización de productos químicos

La dosificación de reactivos será automática e independiente en el caso de existir más de un vaso. Excepcionalmente y por causas justificadas, siempre y cuando se realice fuera del horario de apertura al público, podrá permitirse la dosificación manual o directa al vaso.

Los productos utilizados en piscinas e instalaciones acuáticas serán aquellos homologados al efecto por el Ministerio de Sanidad y Consumo. Cumplirán con lo especificado en la normativa sobre sustancias químicas y preparados peligrosos.

El almacenamiento de productos químicos cumplirá con las normativas sectoriales específicas. Dispondrá de los sistemas de ventilación adecuados y en el caso de piscinas cubiertas convenientemente separados del recinto de piscina y vestuarios, de forma que las posibles fugas que se puedan producir no alcancen dichos recintos. En ningún caso será accesible a los usuarios.

17.4.   Recirculación y depuración del agua

El aporte de agua nueva a los vasos será el mínimo suficiente para garantizar el mantenimiento de la calidad del agua y para que se mantenga el nivel de agua necesario para el correcto funcionamiento del sistema de recirculación.

El tiempo máximo de recirculación del volumen total del agua será:

- Para Vasos infantiles o de chapoteo: 1 hora
- Vasos descubiertos: 6 horas
- Vasos cubiertos: 4 horas.

Se instalarán como mínimo dos contadores de agua uno a la entrada de agua al sistema, para conocer el volumen de agua renovada y otro tras la depuración, para conocer el volumen de agua depurada.

Los depósitos de compensación estarán correctamente dimensionados y serán de fácil acceso para permitir las operaciones de limpieza y desinfección.

La evacuación de las aguas a la red municipal de alcantarillado o a cauce público requerirán, en caso necesario, de una neutralización previa, debiendo cumplir las normativas sectoriales específicas.

Muestra depósitos compensación

17.5.   Bibliografía específica

Consejería de Salud (2005) Decreto 2/2005, de 28 de enero, por el que se aprueba el Reglamento Técnico Sanitario de Piscinas e Instalaciones Acuáticas. Boletín Oficial de la Rioja 17: 619-622, de 1 de febrero de 2005.

CAPÍTULO 18

REQUISITOS SANITARIOS Y DE SEGURIDAD EN PISCINAS DE USO COLECTIVO EN ESPAÑA

Autores

Joaquín Gámez de la Hoz
Ana Padilla Fortes

18.1.   Calidad del agua
18.2.   Sistema de tratamiento del agua
18.3.   Seguridad química. Aplicación y utilización de productos químicos
18.4.   Recirculación y depuración del agua
18.5.   Bibliografía específica

18. Requisitos sanitarios y de seguridad en piscinas de uso colectivo en el ámbito nacional

En este capítulo se recoge la norma nacional sobre piscinas públicas, aún en vigor, a pesar de su antigüedad (1960). Dado el tiempo transcurrido, muchos de los aspectos regulados no se encuentran adaptados al estado actual de la técnica y de las evidencias científicas del momento.

Como nota anecdótica, por su difícil -cuando no imposible- cumplimiento, dicha norma dispone que se impedirá el acceso a las piscinas públicas de todas las personas "sospechosas" de padecer enfermedades infecciosas o contagiosas. En caso de duda, podrán ser sometidas a reconocimiento, antes de su admisión, en el servicio médico del establecimiento.

No obstante, en breve culminará la nueva regulación sobre piscinas de uso colectivo en el estado español, que tramita el Ministerio de Sanidad, Política Social e Igualdad como Real Decreto por el que se establecen los criterios técnico sanitarios y de seguridad de las piscinas.

Una vez aprobado dicha norma, se dotará de cierta unidad de criterio a todas las comunidades autónomas para adoptar un enfoque mas homogéneo e integral en la salvaguarda de la salud pública.

18.1. Calidad del agua

El agua de las piscinas no tendrá olor ni sabor desagradables, ni contendrá sustancias nocivas. Su transparencia debe ser tal que un disco negro de 15 centímetros, colocado a una profundidad de tres metros, pueda ser visto desde el borde del vaso de la piscina a una distancia de diez metros.

Cuando la depuración del agua se haga por procedimientos que impliquen la utilización del cloro o sus derivados, la cantidad de cloro libre que el agua contenga no excederá nunca de 0,20 a 0,60 miligramos por litro.

En cada piscina pública deberán existir los aparatos, reactivos y patrones necesarios para ensayos referidos a la cantidad de cloro libre, turbidez y cloruro sódico del agua que, dos veces al día, una antes de comenzar la jornada y otra en el momento de máxima concurrencia, debe ser analizada por un técnico sanitario, siendo de la responsabilidad de las Empresas el incumplimiento de esta obligación.

Kit reactivos medición cloro-pH

El resultado de cada análisis que se practique en cumplimiento del párrafo anterior se hará constar en un libro-registro, que obligatoriamente habrá de llevarse en cada piscina pública y en el que, además, se anotarán los datos siguientes: número de bañistas que hayan utilizado la piscina, volumen de agua que la haya alimentado o haya circulado por ella, clase y cantidad de desinfectante utilizado para la depuración y su tasa residual, detalle de las operaciones de regeneración sanitaria del agua circulante y cualesquiera otros de utilidad para la valoración sanitaria de la piscina.

El libro-registro estará siempre a la disposición de las autoridades sanitarias y policiales que lo requieran y será visado por el representante de la Jefatura Provincial de Sanidad cada vez que se gire a la piscina visita de inspección.

18.2.   Sistema de tratamiento del agua

Para procurar y asegurar las condiciones de calidad que debe reunir, preceptivamente, el agua de las piscinas, debe ser aquélla previamente filtrada y depurada por cualesquiera procedimientos físicos y químicos de reconocida eficacia. Debe sometérsela primeramente a la acción de determinadas sustancias que provoquen la coagulación de la materia que, en estado coloidal, el agua contiene, y después a una filtración y tratamiento por cloro o sus compuestos, en forma que el cloro libre se halle siempre en las proporciones señaladas al efecto.

Podrá emplearse también cualquier otro tratamiento que garantice debidamente el mínimo de condiciones de depuración, pero antes de utilizarlo será indispensable el informe favorable de la Dirección General de Sanidad.

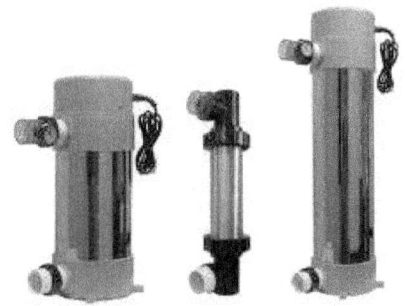

Muestras de lámparas de rayos UV

18.3. Seguridad química. Aplicación y utilización de productos químicos

Las instalaciones de las piscinas públicas, tales como maquinarias, aparatos de depuración o elevación del agua, calderas de calefacción, elementos mecánicos para aireación, generadores de energía eléctrica o instalaciones para iluminación, almacenes de material, etc deberán estar emplazados en lugares independientes de los destinados al público y en la forma que para cada caso determinen los reglamentos aplicables.

18.4. Recirculación y depuración del agua

La renovación del agua de las piscinas públicas, ya proceda de manantiales propios o de la distribución general de la población, podrá ser continua o intermitente, pero en ningún caso se permitirá el funcionamiento de aquéllas cuando la renovación «completa» -o la regeneración, en los casos en que el agua sea recuperada y tratada en instalaciones adecuadas- no pueda hacerse en tiempo que no exceda de ocho horas si la piscina es abierta o de cinco, si es cubierta.

18.5. Bibliografía específica

Ministerio de la Gobernación (1960). Orden de 31 de mayo de 1960 sobre piscinas públicas. Boletín Oficial del Estado 141: 8045-48, de 13 de junio.

Ministerio de la Gobernación (1961). Orden de 12 de julio de 1961 por el que se someten las piscinas privadas a lo dispuesto en la de 31 de mayo de 1960, reguladora del funcionamiento de estas instalaciones de carácter público. Boletín Oficial del Estado 183: 11478, de 2 de agosto.

ANEXO

ANEXO: CRITERIOS DE CALIDAD DEL AGUA DE BAÑO EN PISCINAS DE USO COLECTIVO (PARTE 1)

Parámetro (valores límites)	Andalucía	Baleares	Canarias	Cataluña	Madrid
Escherichia coli / Coliformes fecales (ufc/100 ml)	0	0	0	0	0
Enterococos intestinales/ Estreptococos fecales (ufc/100 ml)	0	0	0	NR	0
Staphylococcus aureus (ufc/100 ml)	0	NR	0	0	0
Pseudomonas aeruginosa (ufc/100 ml)	0	0	0	NR	0
Clostridios sulfito-reductores (ufc/100 ml)	0	NR	NR	NR	NR
Salmonella (ufc/L)	0	NR	NR	NR	0
Legionella (ufc/L)	NR	NR	NR	NR	NR
pH	6,8 - 8	6,5 - 8	7 - 8	7 - 8	6,5 - 8,5
Turbidez (unt)	1,5	NR	2	NR	1
Desinfectantes (mg/L)					
Cloro libre residual	0,4 - 1,5	0,4 - 2	0,8 - 3	0,5 - 2	0,4 - 1,2
Cloro combinado residual	0,6	0,4	0,6	0,6	0,6
Bromo	1-3	NR	2 - 3	3 - 6	1 - 3
Acido Isocianúrico	75	75	75	75	75
Cobre	2	3	2	NR	1
Plata	0,01	NR	0,01	NR	0,01
PHMB (Biguanidas)	25 - 50	NR	25 - 50	25 - 50	25 - 50
Amonios cuaternarios	NR	5	NR	NR	NR
Ozono residual	0,01	NR	0	0	0

*NR=No Regulado

ANEXO: CRITERIOS DE CALIDAD DEL AGUA DE BAÑO EN PISCINAS DE USO COLECTIVO (PARTE 2)

Parámetro (valores límites)	Murcia	Valencia	Aragón	La Rioja	Navarra	País Vasco
Escherichia coli / Coliformes fecales (ufc/100 ml)	0	0	0	0	0	0
Enterococos intestinales/ Estreptococos fecales (ufc/100 ml)	10	0	10	10	NR	10
Staphylococcus aureus (ufc/100 ml)	0	0	0	0	0	0
Pseudomonas aeruginosa (ufc/100 ml)	0	0	0	0	NR	100 - 1000
Clostridios sulfito-reductores (ufc/100 ml)	NR	NR	NR	NR	0	0
Salmonella (ufc/L)	NR	NR	NR	NR	NR	NR
Legionella (ufc/L)	NR	NR	NR	NR	NR	NR
pH	7 - 8,2	7 - 8,2	7 - 7,8	7 - 8	7 - 7,8	7 - 8
Turbidez (unt)	2	1	1	2	2	2
Desinfectantes (mg/L)						
Cloro libre residual	0,6 - 1,4	0,4 - 1,5	0,4 - 1,5	0,5 - 1,5	0,8 - 2	0,6 - 1,5
Cloro combinado residual	0,3 - 0,5	0,6	0,6	0,6	0,6	0,5
Bromo	0,8 - 2	1 - 3	NR	1 - 3	2 - 4	1 - 3
Acido Isocianúrico	75	75	75	75	100	25 - 75
Cobre	1,5	1,5	3	NR	3	1 - 3
Plata	0,01	0,01	0,01	NR	NR	0,3
PHMB (Biguanidas)	NR	25 - 50	75	NR	25 - 50	50
Amonios cuaternarios	5	5	NR	NR	NR	5
Ozono residual	0,01	0	0	NR	0	0

*NR=No Regulado

ANEXO: CRITERIOS DE CALIDAD DEL AGUA DE BAÑO EN PISCINAS DE USO COLECTIVO (PARTE 3)

Parámetro (valores límites)	Galicia	Asturias	Cantabria	Castilla-León	Castilla-La Mancha	Extremadura
Escherichia coli /Coliformes fecales (ufc/100 ml)	0	0	0	0	0	0
Enterococos intestinales/ Estreptococos fecales (ufc/100 ml)	0	0	0	0	0	0
Staphylococcus aureus (ufc/100 ml)	0	0	0	0	0	0
Legionella (ufc/L)	NR	100	0	NR	100 - 1000	NR
Pseudomonas Aeruginosa (ufc/100 ml)	0	0	0	0	0	0
Clostridios sulfito-reductores (ufc/100 ml)	NR	NR	NR	NR	0	0
Salmonella (ufc/L)	NR	NR	NR	0	NR	NR
pH	8	6,8 - 7,8	7 - 8	7 - 8,2	6,8 - 8	6,8 - 7,8
Turbidez (unt)	NR	1	2	1	1,5	1,5
Desinfectantes (mg/L)						
Cloro libre residual	0,6 - 1,4	0,6 - 1,2	0,8 - 2	0,4 - 1,5	0,6 - 2	0,5 - 2
Cloro combinado residual	0,5	0,6	0,5 - 0,6	0,6	0,6	0,6
Bromo	NR	1 - 3	2 - 4	NR	1 - 3	3
Acido Isocianúrico	75	75	25 - 75	NR	75	75
Cobre	2	2	1 - 3	NR	1 - 3	2
Plata	3	0,1	0,05	NR	0,01	0,01
PHMB (Biguanidas)	NR	25 - 50	NR	NR	50	50
Amonios cuaternarios	NR	5	NR	NR	5	0,5
Ozono residual	0,01	0	0	NR	0	0

NR=No Regulado

BIBLIOGRAFIA

Normativa Nacional

Ministerio de la Gobernación (1960). Orden de 31 de mayo de 1960 sobre piscinas públicas. Boletín Oficial del Estado 141: 8045-48, de 13 de junio.

Ministerio de la Gobernación (1961). Orden de 12 de julio de 1961 por el que se someten las piscinas privadas a lo dispuesto en la de 31 de mayo de 1960, reguladora del funcionamiento de estas instalaciones de carácter público. Boletín Oficial del Estado 183: 11478, de 2 de agosto.

Freixa Blanxart, A (1994). Exposición a cloro en piscinas cubiertas. Instituto Nacional de Seguridad e Higiene en el Trabajo. NTP-341. INSHT, Barcelona.

Ministerio de la Presidencia (1995). Real Decreto 363/1995, de 10 de marzo, por el que se aprueba el Reglamento sobre notificación de sustancias nuevas y clasificación, envasado y etiquetado de sustancias peligrosas. Boletín Oficial del Estado 133: 16544-16547, de 5 de junio de 1995.

Jefatura del Estado (1995). Ley 31/1995, de 8 de noviembre, de Prevención de Riesgos Laborales. Boletín Oficial del Estado 269: 32590-611, de 10 de noviembre de 1995.

Ministerio de Trabajo y Asuntos Sociales (1997). Real Decreto 486/1997, de 14 de abril, por el que se establecen las disposiciones mínimas de seguridad y salud en los lugares de trabajo. Boletín Oficial del Estado 97: 12918-26, de 23 de abril de 1997.

Ministerio de Trabajo y Asuntos Sociales (1997). Real Decreto 773/1997, 30 de mayo, sobre disposiciones mínimas de seguridad y salud relativas a la utilización por los trabajadores de equipos de protección individual. Boletín Oficial del Estado 140: 18000-17, de 12 de junio de 1997.

Ministerio de Ciencia y Tecnología (2001). Real Decreto 379/2001, de 6 de abril, por el que se aprueba el Reglamento de almacenamiento de productos químicos y sus instrucciones técnicas complementarias MIE APQ-1, MIE APQ-2, MIE APQ-3, MIE APQ-4, MIE APQ-5, MIE APQ-6 y MIE APQ-7. Boletín Oficial del Estado 112: 16838-929, de 12 de mayo de 2001.

Ministerio de la Presidencia (2001). Real Decreto 374/2001, de 6 de abril, sobre la protección de la salud y seguridad de los trabajadores contra los riesgos relacionados con los agentes químicos durante el trabajo. Boletín Oficial del Estado 104: 15893-99, de 1 de mayo de 2001.

Ministerio de Sanidad y Consumo (2003). Real Decreto 140/2003, de 7 de febrero, por el que se establecen los criterios sanitarios de la calidad del agua de consumo humano. Boletín Oficial del Estado 45: 7228-45, de 21 de febrero del 2003.

Ministerio de la Presidencia (2003). Real Decreto 255/2003, de 28 de febrero, por el que se aprueba el reglamento sobre clasificación, envasado y etiquetado de preparados peligrosos. Boletín Oficial del Estado 54: 8433-69, de 4 de marzo del 2003.

Freixa Blanxart A, Guardino Solá X (2005). Piscinas de uso público (I). Riesgos y prevención. Instituto Nacional de Seguridad e Higiene en el Trabajo. NTP-689. INSHT, Barcelona.

Freixa Blanxart, A (2005). Piscinas de uso público (II). Peligrosidad de los productos químicos. Instituto Nacional de Seguridad e Higiene en el Trabajo. NTP-690. INSHT, Barcelona.

Parlamento Europeo y Consejo (2008). Reglamento (CE) 1272/2008, de 16 de diciembre, sobre clasificación, etiquetado y envasado de sustancias y mezclas, por el que se modifican y derogan las Directivas 67/548/CEE y 1999/45/CE y se modifica el Reglamento (CE) nº 1907/2006. Diario Oficial de la Unión Europea, L 353 de 31 de diciembre del 2008.

Freixa Blanxart, A (2009). Piscinas de uso público (III): riesgos asociados a los reductores del pH y subproductos de desinfección. Instituto Nacional de Seguridad e Higiene en el Trabajo. NTP-788. INSHT, Barcelona.

Ministerio de la Presidencia (2010). Real Decreto 717/2010, de 28 de mayo, por el que se modifican el Real Decreto 363/1995, de 10 de marzo, por el que se aprueba el Reglamento sobre clasificación, envasado y etiquetado de sustancias peligrosas y el Real Decreto 255/2003, de 28 de febrero, por el que se aprueba el Reglamento sobre clasificación, envasado y etiquetado de preparados peligrosos. Boletín Oficial del Estado 139: 48916-7, de 8 de junio del 2010.

Normativa autonómica

1.Andalucía
Consejería de Salud (1999). Decreto 23/1999, de 23 de febrero, por el que se aprueba el reglamento sanitario de las piscinas de uso colectivo. Boletín Oficial de la Junta de Andalucía 36:3587-3597, de 25 de marzo de 1999.

Consejería de Salud (2003). Resolución de 17 de junio de 2003, de la Dirección General de Salud Pública y Participación, por la que se actualizan los parámetros del Anexo I del Decreto 23/1999, de 23 de febrero, por el que se aprueba el Reglamento Sanitario de Piscina de Uso Colectivo. BOJA 127: 14.948 de 4 de julio 2003.

Consejería de Salud (2008). Resolución de 21 de noviembre de 2008, de la Secretaría General de Salud Pública y Participación, por la que se modifica el Anexo I del Reglamento Sanitario de Piscinas de Uso Colectivo, aprobado por Decreto 23/1999, de 23 de febrero. BOJA 242: 56, de 5 de diciembre 2008.

Consejería de Salud (2011). Decreto 141/2011, de 26 de abril, de modificación y derogación de diversos decretos en materia de salud y consumo para su adaptación a la normativa dictada para la transposición de la Directiva 2006/123/CE, del Parlamento Europeo y del Consejo, de 12 de diciembre de 2006, relativa a los servicios en el mercado interior. BOJA 92: 10-13, de 12 de mayo 2011.

2.Aragón

Departamento de Salud y Consumo (2006). Decreto 119/2006, de 9 de mayo, del, de modificación del Decreto 50/1993, de 19 de mayo, por el que se regulan las condiciones higiénico-sanitarias de las piscinas de uso público. Boletín Oficial de Aragón 58: 6984-5, de 24 de mayo de 2006.

Departamento de Salud y Consumo (1993). Decreto 50/1993, de 19 de mayo, por el que se regulan las condiciones higiénico-sanitarias de las piscinas de uso público. Boletín Oficial de Aragón 58: 6984-5, de 24 de mayo de 2006.

Departamento de Salud y Consumo (1999). Decreto 53/1999, de 25 de mayo, del Gobierno de Aragón, de modificación del Decreto 50/1993, de 19 de mayo, por el que se regulan las condiciones higiénico-sanitarias de las piscinas de uso público. Boletín Oficial de Aragón 70: 3356-7, de 4 de junio de 1999.

3.Asturias
Consejería de Salud y Servicios Sanitarios (2009). Decreto 140/2009, de 11 de noviembre, por el que se aprueba el reglamento técnico sanitario de piscinas de uso colectivo. Boletín Oficial del Principiado de Asturias 277: 1-16, de 30 de noviembre de 2009.

4.Cantabria
Consejo de Gobierno (2008). Decreto 72/2008, de 24 de julio, por el que se aprueba el Reglamento Sanitario de Piscinas de Uso Colectivo de la Comunidad Autónoma de Cantabria. Boletín Oficial de Cantabria 199: 13975-81, de 15 de octubre de 2008.

5.Castilla -La Mancha
Consejería de Sanidad (2007). Decreto 288/2007, de 16 de octubre, por el que se establecen las condiciones higiénico-sanitarias de las piscinas de uso colectivo. Diario Oficial de Castilla La Mancha 218: 25384-96, de 19 de octubre de 2007.

6.Castilla y León

Consejería de Sanidad y Bienestar Social (1993). Decreto 177/1992, de 22 de octubre, que aprueba la Normativa Higiénico-Sanitaria para piscinas de uso público. Boletín Oficial de Castilla y León 103: 2739, de 2 de junio de 1993.

Consejería de Sanidad y Bienestar Social (1996). Decreto 36/1996, de 22 de febrero, por el que se amplían los plazos de adaptación del Decreto 177/1992, de 22 de octubre, que aprueba la Normativa Higiénico Sanitaria para piscinas de uso público. Boletín Oficial de Castilla y León 40: 1662, de 26 de febrero de 1996.

Consejería de Sanidad y Bienestar Social (1997). Decreto 106/1997, de 15 de mayo, por el que se modifica el artículo 3° del Decreto 177/1992, de 22 de octubre, que aprueba la Normativa Higiénico-Sanitaria para piscinas de uso público. Boletín Oficial de Castilla y León 93: 3924, de 19 de mayo de 1997.

7.Cataluña

Departamento de Sanidad y Seguridad Social (2000). Decreto 95/2000, de 22 de febrero, por el que se establecen las normas sanitarias aplicables a las piscinas de uso público. Diari Oficial de la Generalitat de Catalunya 3902: 2338-41, de 6 de marzo del 2000.

Departamento de Sanidad y Seguridad Social (2000). Decreto 177/2000, de 15 de mayo, por el que se modifica la disposición transitoria única del Decreto 95/2000, de 22 de febrero, por el cual se establecen las normas sanitarias aplicables a las piscinas de uso público. Diari Oficial de la Generalitat de Catalunya 3148: 6740, de 26 de mayo del 2000.

Departamento de Sanidad y Seguridad Social (2001). Decreto 165/2001, de 12 de junio, de modificación del Decreto 95/2000, de 22 de febrero, por el que se establecen las normas sanitarias aplicables a las piscinas de uso público. Diari Oficial de la Generalitat de Catalunya 3417: 9579-80, de 26 de junio del 2001.

8.Extremadura

Consejería de Sanidad y Consumo (2002). Decreto 54/2002, de 30 de abril, por el que se aprueba el Reglamento Sanitario de Piscinas de uso colectivo de la Comunidad Autónoma de Extremadura. Diario Oficial de Extremadura 52: 5749-67, del 7 de mayo 2002.

Consejería de Sanidad y Consumo (2004). Decreto 38/2004, de 5 de abril, por el que se modifica el Decreto 54/2002, de 30 de abril, por el que se aprueba el Reglamento Sanitario de Piscinas de uso colectivo de la Comunidad Autónoma de Extremadura. Diario Oficial de Extremadura 43: 4280-83, del 15 de abril 2004.

9.Galicia

Consellería de Sanidad (2005). Decreto 103/2005, de 6 de mayo, por el que se establece la reglamentación técnico- sanitaria de piscinas de uso colectivo. Diario Oficial de Galicia 90: 7891-7902, de 11 de mayo del 2005.

10.Islas Baleares

Consellería de Sanidad (1995). Decreto 53/1995, de 18 de mayo, por el que se aprueban las condiciones higiénico- sanitarios de las piscinas de los establecimientos de alojamientos turísticos y de las de uso colectivo, en general. Boletín Oficial de las Islas Baleares 80: 6583-7, de 24 de junio de 1995.

11.Islas Canarias

Consejería de Sanidad (2005) Decreto 212/2005, de 15 de noviembre, por el que se aprueba el Reglamento sanitario de piscinas de uso colectivo de la Comunidad Autónoma de Canarias. Boletín Oficial de Canarias 236: 22839-59, de 1 de diciembre de 2005.

Consejería de Sanidad (2010) Decreto 119/2010, de 2 de septiembre, que modifica parcialmente el Decreto 212/2005, de 15 de noviembre, por el que se aprueba el Reglamento sanitario de piscinas de uso colectivo de la Comunidad Autónoma de Canarias. Boletín Oficial de Canarias 182: 24278-87, de 15 de septiembre de 2010.

12.Madrid

Consejera de Sanidad y Servicios Sociales (1998). Decreto 80/1998, de 14 de mayo, por el que se regulan las condiciones higiénico-sanitarias de piscinas de uso colectivo. Boletín Oficial de la Comunidad de Madrid 124:4-ss, de 27 de mayo de 1998.

Consejo de Gobierno (1998). Acuerdo, de 2 de julio, sobre corrección de errores del Decreto 80/1998, de 14 de mayo, por el que se regulan las condiciones higiénico-sanitarias de las piscinas de uso colectivo. Boletín Oficial de la Comunidad de Madrid 116: 4-ss, de 15 de julio de 1998.

13.Murcia

Consejería de Sanidad (1992) Decreto 58/1992, de 28 de mayo, por el que se aprueba el reglamento sobre condiciones higiénico-sanitarias de las piscinas de uso público. Boletín Oficial de la Región de Murcia 131: 3943-49, de 6 de junio.

14.Navarra

Departamento de salud (2003). Decreto Foral 123/2003, de 19 de mayo, por el que se establecen las condiciones técnico-sanitarias de las piscinas de uso colectivo. Boletín Oficial de Navarra 83:1-13, de 2 de julio de 2003.

Departamento de Salud (2006). Decreto Foral 20/2006, de 2 de mayo, por el que se modifica el Decreto Foral 123/2003, de 19 de mayo, por el que se establecen las condiciones técnico-sanitarias de las piscinas de uso colectivo. Boletín Oficial de Navarra 60: 5468-70, de 19 de mayo de 2006.

15.País Valenciano

Consellería de Gobernación (2010). Decreto 52/2010, de 26 de marzo, del Consell, por el que se aprueba el Reglamento de desarrollo de la Ley 4/2003, de 26 de febrero, de la Generalitat, de Espectáculos Públicos, Actividades Recreativas y Establecimientos Públicos. Diari Oficial de la Comunitat Valenciana 6263:12367-12455, del 30 de marzo del 2010.

Consellería de la Administración Pública y Consellería de Medio Ambiente (1994). Decreto 255/1994, de 7 de diciembre, del Gobierno Valenciano, por el que se regulan las normas higiénico-sanitarias y de seguridad de las piscinas de uso colectivo y de los parques acuáticos. DOGV 2414: 15161-15179, de 27 de diciembre.

16.País Vasco

Departamento de Sanidad (2003). Decreto 32/2003, de 18 de febrero, por el que se aprueba el reglamento sanitario de piscinas de uso colectivo. Boletín Oficial del País Vasco 88: 7860-93, de 8 de mayo de 2003.

Departamento de Sanidad (2004) Decreto 208/2004, de 2 de noviembre, por el que se modifica el Reglamento Sanitario de piscinas de uso colectivo. Boletín Oficial del País Vasco 226: 21427-31, de 25 de noviembre de 2004.

17.La Rioja

Consejería de Salud (2005) Decreto 2/2005, de 28 de enero, por el que se aprueba el Reglamento Técnico Sanitario de Piscinas e Instalaciones Acuáticas. Boletín Oficial de la Rioja 17: 619-622, de 1 de febrero de 2005.

www.ingramcontent.com/pod-product-compliance
Lightning Source LLC
Chambersburg PA
CBHW051529170526
45165CB00002B/660